普通高等教育"十三五"规划教材（计算机专业群）

办公自动化高级应用教程

丁　茜　杜文洁　王　伟　王占军　王若鹏　编著

中国水利水电出版社
www.waterpub.com.cn
·北京·

内 容 提 要

本书从实际应用角度出发，以基本理论为基础，采用项目驱动方式介绍了 Office 办公软件的使用。全书内容共分为 5 章，第 1 章为 Word 高级应用，第 2 章为 Excel 高级应用，第 3 章为 PowerPoint 高级应用，第 4 章为全国计算机二级考试真题，第 5 章为全国计算机二级考试真题操作提示。

本书构思清晰、层次分明、内容丰富、实用性强，可以作为本科、高职院校办公自动化教程，也可以作为 Office 二级考试的复习用书，以及办公人员的培训用书。

本书配有免费电子教案，读者可以从中国水利水电出版社网站以及万水书苑下载，网址为：http://www.waterpub.com.cn/softdown/或 http://www.wsbookshow.com。

图书在版编目（CIP）数据

办公自动化高级应用教程 / 丁茜等编著. -- 北京：
中国水利水电出版社，2019.6
普通高等教育"十三五"规划教材. 计算机专业群
ISBN 978-7-5170-7726-8

Ⅰ．①办… Ⅱ．①丁… Ⅲ．①办公自动化－应用软件
－高等学校－教材 Ⅳ．①TP317.1

中国版本图书馆CIP数据核字(2019)第111986号

策划编辑：石永峰	责任编辑：张玉玲	封面设计：李 佳

书　　名	普通高等教育"十三五"规划教材（计算机专业群） **办公自动化高级应用教程** BANGONG ZIDONGHUA GAOJI YINGYONG JIAOCHENG
作　　者	丁 茜　杜文洁　王 伟　王占军　王若鹏　编著
出版发行	中国水利水电出版社 （北京市海淀区玉渊潭南路 1 号 D 座　100038） 网址：www.waterpub.com.cn E-mail：mchannel@263.net（万水） 　　　　sales@waterpub.com.cn 电话：（010）68367658（营销中心）、82562819（万水）
经　　售	全国各地新华书店和相关出版物销售网点
排　　版	北京万水电子信息有限公司
印　　刷	三河市铭浩彩色印装有限公司
规　　格	184mm×260mm　16 开本　13.25 印张　326 千字
版　　次	2019 年 6 月第 1 版　2019 年 6 月第 1 次印刷
印　　数	0001—3000 册
定　　价	36.00 元

凡购买我社图书，如有缺页、倒页、脱页的，本社营销中心负责调换

前　　言

随着计算机的普及与信息技术的发展，以及大数据时代的到来，信息数字化和无纸化办公已是大势所趋。Office 办公软件已经成为日常办公不可缺少的工具。本书以 Office 2010 版本为例，由浅入深地详细介绍了 Word、Excel、PowerPoint 软件的操作方法。全书分为 5 章，第 1 章为 Word 高级应用，第 2 章为 Excel 高级应用，第 3 章为 PowerPoint 高级应用，第 4 章为全国计算机二级考试真题，第 5 章为全国计算机二级考试真题操作提示。

第 1 章 Word 高级应用，主要介绍长文档目录的制作、获奖证书的打印、邀请函的制作、论文的排版、公文模板的制作、个人简历的制作、转账凭证单的制作和节目单的制作。

第 2 章 Excel 高级应用，主要介绍公式与函数、平时成绩的计算、万年历的制作、员工工资条的制作、销售表的统计分析、销售图表的制作、甘特图的制作、数据透视表和数据透视图的制作。

第 3 章为 PowerPoint 高级应用，主要介绍母版的设计与制作、项目答辩演示文稿的制作和电子相册的制作。

第 4 章为全国计算机二级考试真题，共 4 套题。

第 5 章为全国计算机二级考试真题操作提示。

本书由丁茜、杜文洁、王伟、王占军、王若鹏编著。陈慧卓、周园园、尹淑杰、施淼、刘占年、赵启波等也参加了本书部分内容的编写。

本书知识点由浅入深，从基础操作到高级操作，结合实际案例，循序渐进地进行讲解，并提供视频讲解资源，适合作为初学者提升技能的入门教程，也可作为水平较高读者的参考用书。

由于编者水平有限，加之编写时间仓促，书中难免会有不妥之处，恳请广大读者在使用中提出宝贵的意见和建议，以便我们及时改正，不胜感激。

编　者
2019 年 2 月

目　　录

第1章 Word 高级应用

1.1 长文档目录的制作

Word 2010 根据用户编辑的文档会自动生成目录，并可通过目录直接定位到某个段落。创建目录最简单的方法是使用内置标题样式，还可以创建基于所应用的自定义样式的目录。下面以"目录生成.docx"文件为例，介绍如何自动生成目录。

1. 创建标题样式

打开"目录生成.docx"文件，创建标题样式。标题样式是应用于标题的格式设置。Microsoft Word 有 9 种不同的内置样式：标题 1 到标题 9。用户可以选择内置的样式，也可以自定义样式。在"开始"选项卡下的"样式"组中设置样式，如图 1-1 所示。

图 1-1 标题"样式"组

选中文章的第一级标题，设为标题 1，以下的设置方法同上。例如，第一章，第二章，……设为标题 1；1.1，1.2，……设为标题 2；1.1.1，1.1.2，……设为标题 3，如图 1-2 所示。

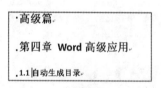

图 1-2 标题样式设置

2. 修改标题样式

选择"样式"组中的标题，单击右键，在弹出的快捷菜单中选择"修改"命令，如图 1-3 所示，弹出"修改样式"对话框，如图 1-4 所示，在该对话框中可更改标题的名称、字体格式等，单击"确定"按钮修改完成。

图 1-3 选择"修改"命令

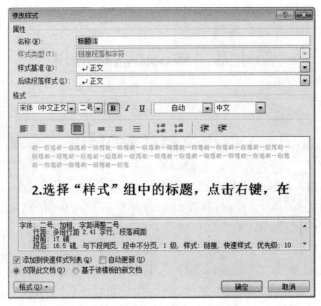

图1-4 "修改样式"对话框

3. 添加标题样式

添加标题2、标题3。选中节标题，设置字体、字号、对齐、加粗、颜色等格式，然后打开"样式"列表，如图1-5所示，选择"将所选内容保存为新快速样式"命令，弹出如图1-6所示的"根据格式设置创建新样式"对话框1。

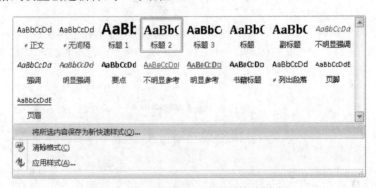

图1-5 将所选内容保存为新快速样式

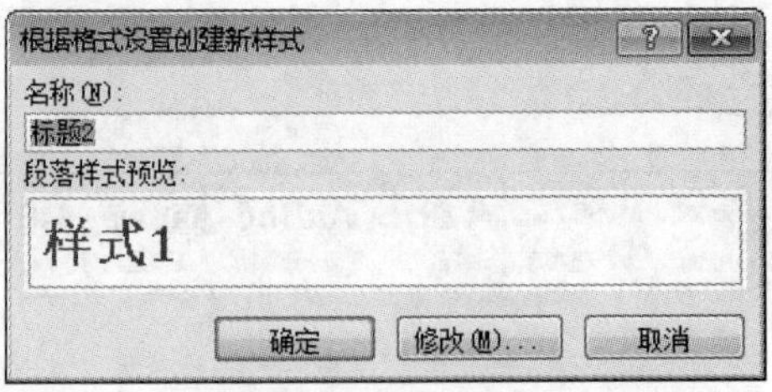

图1-6 "根据格式设置创建新样式"对话框1

在图1-6中将"名称"更改为"标题2"，单击"修改"按钮，弹出如图1-7所示的"根据格式设置创建新样式"对话框2。

图 1-7　"根据格式设置创建新样式"对话框 2

在图 1-7 所示的对话框中，设置名称为"标题 21"，样式基准为"标题 2"，单击"确定"按钮，如图 1-7 所示。用同样的方法，选中文档中的小节标题，设定格式后，添加样式"标题 3"，如图 1-8 所示。

图 1-8　设置样式为标题 3

4．插入目录

单击"引用"选项卡下的"目录"组中的"目录"按钮，弹出如图 1-9 所示的下拉列表，选择"自动目录 1"，目录即自动生成，效果如图 1-10 所示。

图 1-9　插入目录

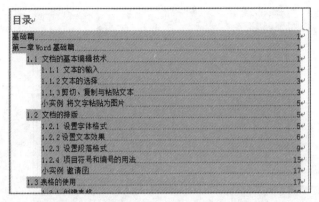

图 1-10　插入目录后的效果

扫码看视频

1.2 获奖证书的打印

在日常办公中，往往要根据很多的数据表制作出大量的信函、奖状、准考证等，Word 2010 提供的数据管理功能——邮件合并，可以轻松、准确、快速地完成这些任务。使用邮件合并功能可以批量打印信封、信件、请柬、个人简历、学生成绩单、各类获奖证书、准考证、明信片等。只要有数据源（电子表格、数据库等），并且数据源是标准的二维数表，就可以很方便地按一个记录一页的方式用邮件合并功能将其打印出来。

下面以打印获奖证书为例，介绍邮件合并功能的使用方法。

1. 开始邮件合并

打开"获奖证书.docx"实例文件。单击"邮件"选项卡下的"开始邮件合并"组中的"开始邮件合并"按钮，在弹出的下拉列表中选择"邮件合并分步向导"命令，弹出"邮件合并"窗格 1，如图 1-11 所示。

2. 启动文档

在"邮件合并"窗格 1 中的"选择文档类型"向导页中，选中"信函"单选框，单击"下一步：正在启动文档"按钮，进入"邮件合并"窗格 2，如图 1-12 所示。

图 1-11　"邮件合并分布向导"命令　　　　图 1-12　"邮件合并"窗格 1

3．选取收件人

在"邮件合并"窗格 2 中的"选择开始文档"向导页中，选中"使用当前文档"单选框，单击"下一步：选取收件人"按钮，如图 1-13 所示，进入"邮件合并"窗格 3，如图 1-14 所示。

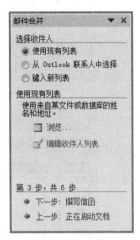

图 1-13　"邮件合并"窗格 2　　　　图 1-14　"邮件合并"窗格 3

4．撰写信函

在图 1-14 中的"选择收件人"向导页中，选中"使用现有列表"单选框，单击"浏览"按钮，打开"选取数据源"对话框，如图 1-15 所示；选择文件夹及文件"邮件合并数据源.xlsx"，单击"打开"按钮，在"选择表格"对话框中选择"获奖名单$"，如图 1-16 所示；单击"确定"按钮，选择"邮件合并收件人"对话框中的内容，所有获奖信息均包含在其中，如图 1-17 所示，单击"确定"按钮，数据源设置结束；单击"下一步：撰写信函"按钮，进入"邮件合并"窗格 4，如图 1-18 所示。

图 1-15　"选取数据源"对话框

图 1-16 "选择表格"对话框

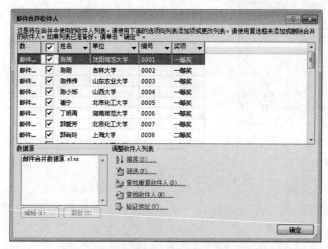

图 1-17 "邮件合并收件人"对话框

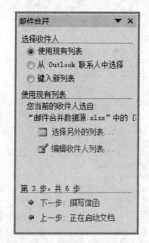

图 1-18 "邮件合并"窗格 4

5. 预览信函

在图 1-18 中单击"下一步：撰写信函"按钮进入"撰写信函"向导页，选择"其他项目"命令，如图 1-19 所示，弹出如图 1-20 所示的"插入合并域"对话框，将该对话框中各域名（姓号、姓名、参赛组别、单位、奖项）添加到信函中对应位置，插入后的效果如图 1-21 所示。在图 1-19 中单击"下一步：预览信函"按钮，即可得到邮件合并后的预览信函，如图 1-22 所示，并可进入图 1-23 所示的"预览信函"向导页。

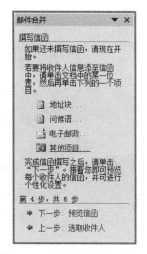

图 1-19　"邮件合并"窗格 5

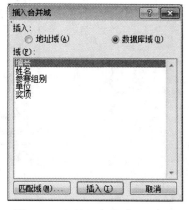

图 1-20　"插入合并域"对话框

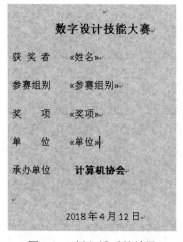

图 1-21　插入域后的效果

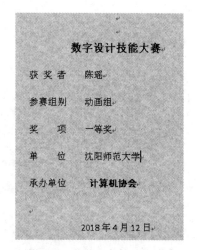

图 1-22　获奖证书的预览效果

6. 完成邮件合并

在"预览信函"向导页可以查看信函内容，如图 1-23 所示，选择"预览信函"区域内的 ≪ 或 ≫ 按钮，可以预览所有的获奖证书。单击"下一步：完成合并"按钮，进入"邮件合并"窗格 7。

7. 合并到新文档

在图 1-24 中的"完成合并"向导页，用户既可以单击"打印"超链接开始打印信函，也可以单击"编辑单个信函"超链接针对个别信函进行再编辑，如图 1-24 所示。单击"编辑单个信函"超链接，打开"合并到新文档"对话框，如图 1-25 所示，选择"全部"单选按钮后单击"确定"按钮，产生一个新的文档，Excel 中有多少条学生信息，此处就会生成多少个获奖证书。获奖证书的预览效果如图 1-22 所示。将该文档以"获奖证书-结果文件.docx"为文件名进行保存。

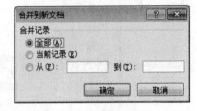

图 1-23　"邮件合并"窗格 6　　图 1-24　"邮件合并"窗格 7　　图 1-25　"合并到新文档"对话框

1.3　邀请函的制作

扫码看视频

1.3.1　邀请函正文制作

1. 页面设置

打开"邀请函源文件.docx"文档，调整文档版面。选择"页面布局"选择卡中的"页面设置"组中的启动器按钮，弹出"页面设置"对话框，在"页边距"选项卡中，将上、下、左、右页边距调整为"1 厘米"，纸张方向设为"横向"，如图 1-26 所示。

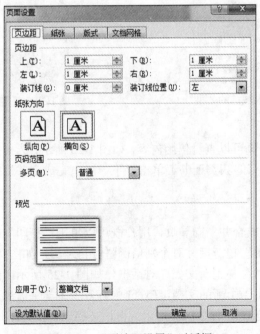

图 1-26　"页边距设置"对话框

在图 1-26 中选择"纸张"选项卡，设置纸张大小为"自定义"，宽度为"17 厘米"，高度为"12 厘米"，如图 1-27 所示。

在图 1-26 中选择"版式"选项卡，设置页眉和页脚距边界设置为"0 厘米"，如图 1-28 所示。

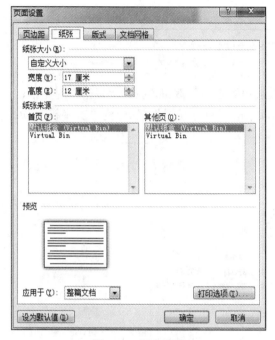

图 1-27　纸张设置

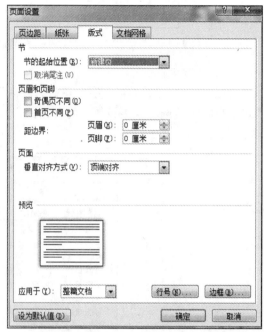

图 1-28　版式设置

2. 标题行设置

选择邀请函文档，单击"开始"选项卡下的"字体"组中的"文本效果"按钮，在弹出的下拉列表中选择第四行第二列文本效果，如图 1-29 所示。

单击"文本效果"按钮，选择"映像"命令，在弹出的窗口中选择映像变体类别中的"半映像，接触"效果，如图 1-30 所示。

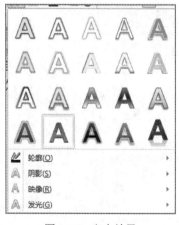

图 1-29　文本效果

图 1-30　"映像"效果

在"开始"选项卡下的"字体"组中设置字体为"微软雅黑",字号为"二号",字形为"加粗";在"段落"组中设置段落对齐方式为"居中",如图 1-31 所示。

图 1-31　标题的字体与段落设置

3. 首行缩进

选择正文 2、3、4 段文字,单击"段落"组中的启动器按钮,打开"段落"对话框,在"缩进和间距"选项卡下设置"特殊格式"选项中的"首行缩进",磅值为"2 字符",如图 1-32 所示。

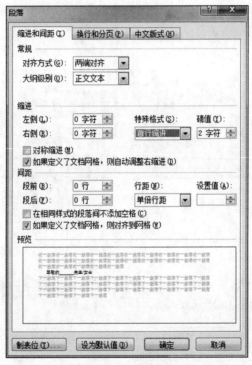

图 1-32　首行缩进

4. 正文格式设置

选择所有文字,在字体组中将字体设置为"微软雅黑",字号为"五号",字形为"加粗",如图 1-33 所示。

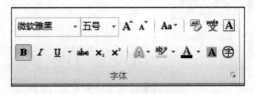

图 1-33　正文格式设置

选择最后两段文字，设置段落对齐方式为"右对齐"。

5．背景设置

单击"插入"选项卡下的"插图"组中的"图片"按钮，在弹出的"插入图片"对话框中，选择"高级篇"文件夹下的"背景图片.jpg"文件，单击"插入"按钮插入图片。

选中插入的图片，单击鼠标右键弹出下拉菜单，如图 1-34 所示，选择"大小和位置"命令，弹出"布局"对话框，选择"大小"选项卡，取消"锁定纵横比"选项，将"高度"绝对值设置为"12 厘米"，将"宽度"绝对值设置为"17 厘米"，单击"确定"按钮，如图 1-35 所示。

选中插入的图片，单击"格式"选项卡下的"排列"组中的"自动换行"命令，弹出下拉列表，选择"衬于文字下方"项，如图 1-36 所示，设置后的邀请函效果如图 1-37 所示。

图 1-34　下拉菜单

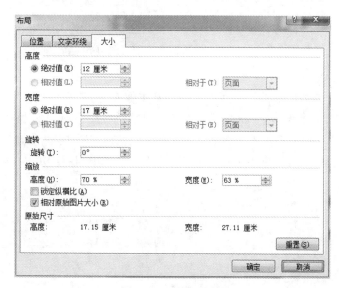

图 1-35　布局对话框

图 1-36　"自动换行"下拉列表

图 1-37　设置后的邀请函效果

1.3.2　邮件合并设置

1.　新建信函

单击"邮件"选项卡下的"开始邮件合并"组中的"信函"按钮，如图 1-38 所示。

图 1-38　信函

2.　选择收件人

单击"邮件"选项卡下的"开始邮件合并"组中的"收件人"按钮，弹出如图 1-39 所示的下拉列表，在列表中选择"使用现有列表"命令，弹出"选取数据源"对话框，选择"高级篇"文件夹下的"邀请函名单.xlsx"文件，如图 1-40 所示，单击"打开"按钮。在打开的"选择表格"对话框中选择"邀请函名单$"，如图 1-41 所示，单击"确定"按钮。

图 1-39　选择收件人

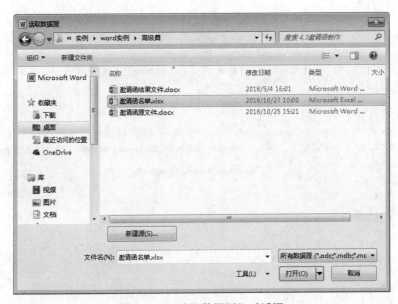

图 1-40　"选取数据源"对话框

图 1-41　"选择表格"对话框

3. 插入合并域

将光标定位到"尊敬的"后面，单击"邮件"选项卡下的"编写和插入域"组中的"插入合并域"按钮，如图 1-42 所示，依次选择"姓名"和"称谓"项，将其插入到"尊敬的"后面，调整姓名和称谓的位置，效果如图 1-43 所示。

图 1-42　插入合并域　　　　　　　　图 1-43　插入"姓名"和"称谓"后的效果

4. 预览结果

单击"邮件"选项卡下的"预览结果"组中的"预览结果"按钮，如图 1-44 所示，查看预览效果，单击 ⑭ ◀ 1 ▶ ⑭ 按钮，可以预览所有的邀请函，如图 1-45 所示。

图 1-44　预览结果命令　　　　　　　　图 1-45　预览效果

5. 完成并合并

单击"邮件"选项卡下的"完成"组中的"完成并合并"按钮，在下拉列表中选择"编辑单个文档"命令，如图 1-46 所示，弹出"合并到新文档"对话框，如图 1-47 所示，选择"全部"单选项后单击"确定"按钮，产生一个新的文档"信函 1"，将该文档以"邀请函结果文件.docx"为文件名进行保存，完成后的效果如图 1-48 所示。

图 1-46　"完成并合并"按钮　　　　　　图 1-47　"合并到新文档"对话框

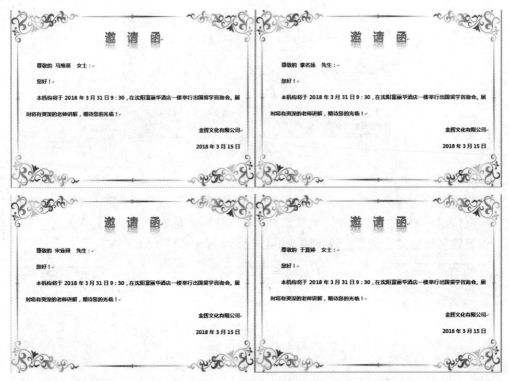

图 1-48 完成后的邀请函

1.4 论文的排版

毕业论文是大学生毕业之前必须完成的一项重要任务。毕业论文的格式要求非常严格。下面以毕业论文为例介绍长文档的编辑方法。

毕业论文的格式要求如下所述。

（1）论文内容：封面、摘要、目录、正文和参考文献。每部分从新的一页开始。

（2）纸张大小：标准 A4 纸（21 厘米×29.7 厘米）。

（3）页边距及文档网格：上、下、右页边距均为 2 厘米，左页边距为 2.7 厘米；文档网格设置为每页 30 行，每行 38 个字。

（4）页码：页脚居中显示。

（5）页眉：学校名称和每部分的标题，楷体五号字。

（6）表格：三线表。

（7）各标题级别排版格式见表 1-1。

表 1-1 各标题级别排版格式

级别	编号	字体字号	样式
一级	第 1 章	黑体 二号 加粗 居中	标题 1
二级	1.1	黑体 三号	标题 2
三级	1.1.1	黑体 四号	标题 3

论文格式设置样例如图 1-49 所示。

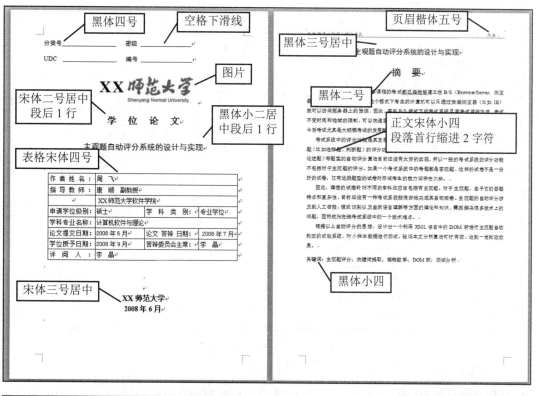

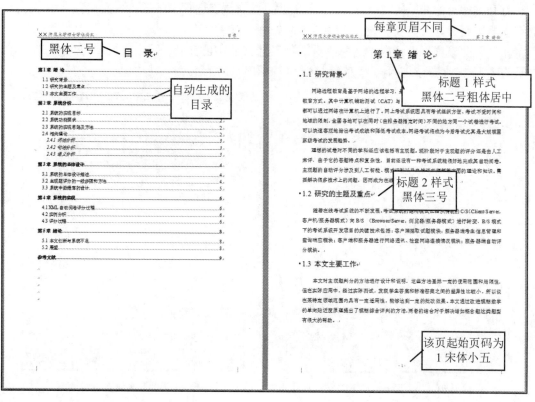

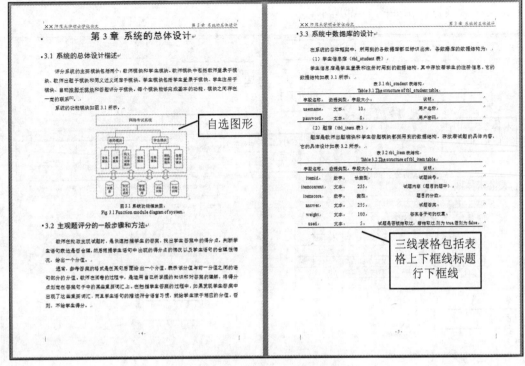

图 1-49　论文格式设置样例

1. 页面设置

打开文件"论文原始文档.docx"。单击"页面布局"选项卡下的"页面设置"组中右下角的启动器按钮，打开"页面设置"对话框，如图 1-50 所示。

在"页面设置"对话框中选择"页边距"选项卡，设置上、下、右页边距均为 2 厘米，左页边距为 2.7 厘米，应用于"整篇文档"，如图 1-51 所示。

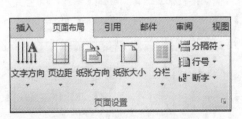

图 1-50　"页面布局"选项卡

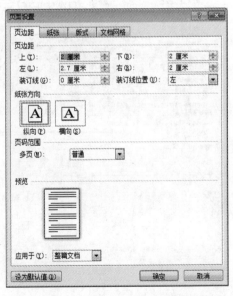

图 1-51　"页面设置"对话框

在"页面设置"对话框中选择"文档网格"选项卡，选中"网格"项的"指定行和字符网格"单选框，设置每页 30 行，每行 38 个字，将"应用于"设置为整篇文档，如图 1-52 所示。

2. 插入分节符

分页和分节的区别：分页符只强制分页；分节符可以分出不同的排版单元，不同节中可以设置不同的页眉页脚、页边距、纸张方向等格式。

将光标分别定位在封面、摘要处，选择"页面布局"选项卡下的"页面设置"组中的"分隔符"下拉列表中的"分节符"类别中的"下一页"命令，如图 1-53 所示。

图 1-52　"文档网格"选项卡

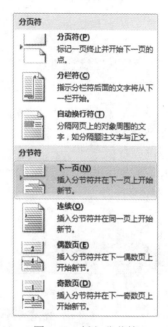

图 1-53　插入分节符

用同样的方法把论文内容分成封面、摘要、正文各章和参考文献几部分，每部分都从新的一页开始。

3. 设置字体和段落格式

根据论文格式设置要求，设置封面和摘要的字体和段落格式。单击"开始"选项卡下的"字体"组中的"下划线"按钮 **U**，添加下划线，如图 1-54 所示。

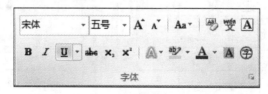

图 1-54　添加下划线

单击"插入"选项卡下的"插图"组中的"图片"按钮，打开"插入"图片对话框，选择"论文编辑"文件夹下的图片文件，单击"插入"命令，如图 1-55 所示。适当调整插入图片的大小和位置。

图 1-55 "插入图片"对话框

选中"学术论文"文本，单击"字体"组右侧的启动器按钮，弹出"字体"对话框，设置字体为"宋体"，字号为"二号"，如图 1-56 所示。

选中"学位论文"文本，单击"段落"组右侧的启动器按钮，弹出"段落"对话框，设置对齐方式为"居中"，段后"1 行"，如图 1-57 所示。

图 1-56 设置标题字体和字号

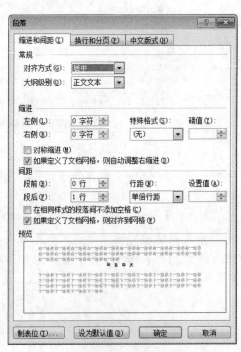

图 1-57 设置标题段落

其他部分的字体、字号和段落设置都可以在"字体"对话框和"段落"对话框中完成。

4. 设置各章、节和小节的格式

设置各章、节和小节的格式为样式"标题 1""标题 2"和"标题 3"，正文为"宋体小四"，段落为"首行缩进 2 字符"。

选中"第 1 章　绪论"文本，选择"开始"选项卡下的"样式"组中的"标题 1"，在"标题 1"上单击鼠标右键，选择"修改"命令，弹出"修改样式"对话框，如图 1-58 所示。设置字体样式为黑体、二号、加粗、字距调整二号、居中，其他格式默认，如图 1-59 所示，单击"确定"按钮，完成"标题 1"的设置。选择其他章的标题，都设置为"标题 1"样式。

图 1-58　"修改"命令

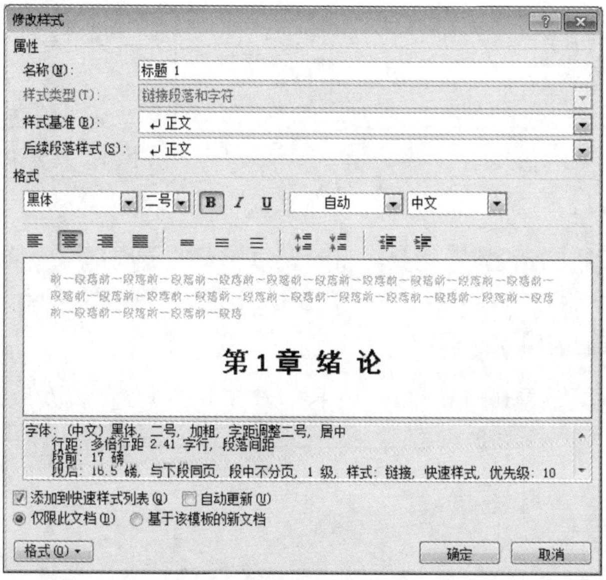

图 1-59　"修改样式"对话框

用同样的方法修改"标题 2"样式为黑体、三号，"标题 3"样式为黑体、四号。

5. 添加目录

目录页为文档第 3 页。在第 2 页（摘要页）末尾插入一个"下一页"的分节符，以便在新的空白页插入目录。光标定位到目录页，选择"引用"选项卡下的"目录"组中的"目录"命令，在弹出的下拉列表中选择"自动目录 1"命令，如图 1-60 所示，系统会生成一个目录。选中"目录"文本，设置字体格式为黑体、二号、居中显示。

6. 更新目录

生成目录后，如果章节有变化或更改了正文的格式，造成页码不匹配，可以更新目录。选择"引用"选项卡下的"目录"组中的"更新目录"命令，弹出"更新目录"对话框，选择相应的操作，如图 1-61 所示。

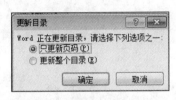

图 1-60　插入目录　　　　　　图 1-61　"更新目录"对话框

7. 设置页眉

按每部分内容分别进行设置，摘要、目录及每一章的页眉都不一样。选择"插入"选项卡下的"页眉和页脚"组中的"页眉"命令，在弹出的下拉列表中选择"编辑页眉"命令，如图 1-62 所示，进入页眉编辑状态。

图 1-62　插入并设置页眉

把光标定位到第 2 节页眉处，单击页眉和页脚工具的"设计"选项卡下的"导航"组中的"链接到前一条页眉"按钮，使其处于不选中状态，此时"页眉 - 第 2 节 -"右边的文字"与上一节相同"消失，这说明第 1 节和第 2 节的页眉可以分别进行设置，如图 1-63 所示。输入"XX 师范大学硕士学位论文"和"摘要"，设置楷体五号字，在"摘要"前插入空格，调整位置，使其两端对齐，如图 1-64 所示。

图 1-63　取消"链接到前一条页眉"

图 1-64　摘要页页眉样式

用同样的方法，移动光标到每节之前，即"目录"和每章的页眉处，分别取消与前一节的链接，输入校名和每章的标题，并设置字体和对齐方式，设置后效果如图 1-65 所示。

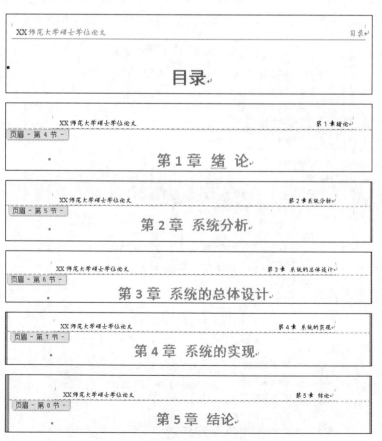

图 1-65　目录及各章页眉设置后的效果

8. 添加页码

"封面""摘要""目录"这 3 部分没有页码，页码从正文第 1 章到末尾要格式统一，并且连续。将光标定位到第 1 章绪论的页脚处，选择页眉和页脚工具的"设计"选项卡下的"导航"组，单击"链接到前一项页眉"按钮，将其设置为不选中状态，方法与"设置页眉"节相同。

首先设置页码格式，再插入页码。选择"插入"选项卡下的"页眉和页脚"组中的"页码"命令，在弹出的下拉列表中选择"设置页码格式"命令，如图 1-66 所示，弹出"页码格式"对话框，如图 1-67 所示，设置"编号格式"为下拉列表中的第二种，"起始页码"为 1。

图 1-66　插入页码　　　　　　　　　　图 1-67　"页码格式"对话框

选择"插入"选项卡下的"页眉和页脚"组的"页码"命令，在弹出的快捷菜单中选择"页面底端"命令，在级联菜单中选择"普通数字 2"命令，如图 1-68 所示。

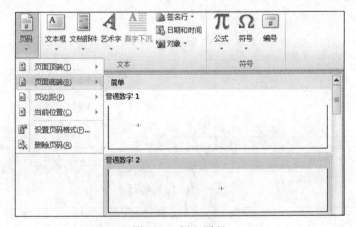

图 1-68　插入页码

选择页眉页脚工具的"设计"选项卡下的"关闭页眉和页脚"命令完成页脚页码的设置，如图 1-69 所示。

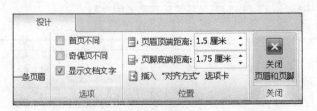

图 1-69　"关闭页眉和页脚"命令

9. 保存文档

选择"文件"选项卡下的"另存为"命令，将文档更名为"论文排版结果"。

1.5　公文模板的制作

1.5.1　制作红头文件

红头文件是日常办公中很常见的一种文件形式，虽然不同的单位使用的标准各不相同，但其制作和生成过程具有一定的规律。下面介绍如何制作如图 1-70 所示的红头文件。

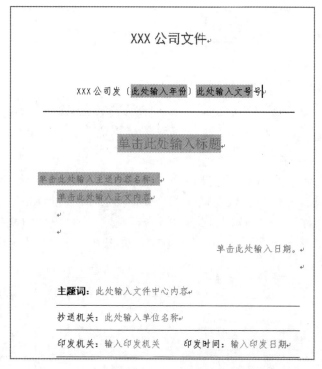

图 1-70　公文模板

1. 页边距设置

单击"页面布局"下的"页面设置"选项卡下的"页面设置"组右下角的启动器按钮，如图 1-71 所示，弹出"页面设置"对话框，在"页边距"选项卡下设置上、下、左、右页边距分别为 3.7 厘米、3.5 厘米、2.8 厘米、2.6 厘米，如图 1-72 所示。

图 1-71　"页面布局"选项卡

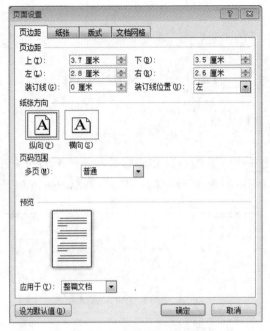

图 1-72　"页面设置"对话框

2. 文档网格设置

在"页面设置"对话框中选择"文档网格"选项卡，选中"指定行和字符网格"单选项，将每行字符数设置成 28，每页行数设置成 22，如图 1-73 所示。单击右下角的"字体设置"按钮，设置"中文字体"为"仿宋"，设置"字号"为"三号"，如图 1-74 所示。单击"确定"按钮，则将文本设置成了仿宋体、三号字、每页 22 行、每行 28 个汉字的格式。

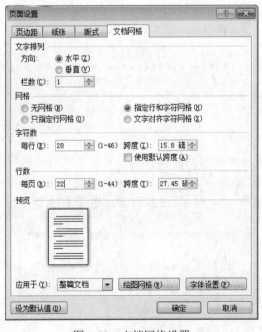

图 1-73　文档网格设置

图 1-74　字体设置

3．发文机关设置

在文档的页面光标处输入发文机关标题内容。设置字体为"黑体"，字号为"一号"，字体颜色为"红色"，如图 1-75 所示；段落对齐方式为"居中"，段落间距为段前"3 行"，段后"2 行"，如图 1-76 所示。

图 1-75　字体格式设置　　　　　　图 1-76　段落设置

4．文号制作

公文通常分为上行文、下行文和平行文。上行文即请示、报告等文种；下行文即通知、指示等文种；平行文即公函等文种。上、下、平行文格式互有不同。

上行文文号：三号仿宋字体、左空一个字的距离。

下行文文号：三号仿宋字体，一般每面排 22 行，每行排 28 个字。

平行文文号：三号仿宋字体、居中显示。

签发人：三号仿宋字体。

签发人姓名：三号楷体、右空一个字的距离。

按回车键另起一行，输入公文文号内容，字体设置为"仿宋""三号""黑色"；段落对齐方式为"居中"，段落间距为段前、段后均为"2 行"。

文号一定要使用六角符号。六角符号插入方法：单击"插入"选项卡下的"符号"组中的"符号"按钮，在列表中选择"其他符号"命令，如图 1-77 所示，找到六角符号后，将光标置于文档中准备插入的地方，单击"插入"按钮即可，如图 1-78 所示。设置后的效果如图 1-79 所示。

图 1-77　插入符号

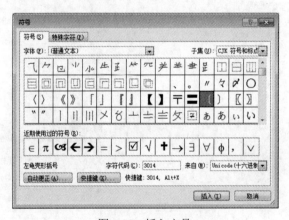

图 1-78　插入文号

图 1-79　插入文号后的效果

5．添加文本控件

（1）添加开发工具选项卡。单击"文件"选项卡，在下拉菜单中选择"选项"命令，如图 1-80 所示，弹出"Word 选项"对话框，选择"自定义功能区"命令，在对话框右侧勾选"开发工具"复选框，如图 1-81 所示，单击"确定"按钮，完成添加。

图 1-80　"文件"选项卡　　　　　　　　　图 1-81　添加"开发工具"选项卡

（2）添加文本控件。将光标定位到公文头括号中，单击"开发工具"选项卡下的"控件"组中的"格式文本内容控件"按钮 Aa，如图 1-82 所示。添加文本控件后效果如图 1-83 所示。

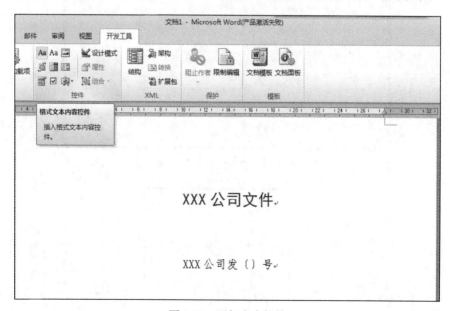

图 1-82　添加文本控件

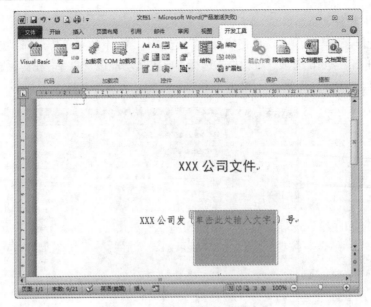

图 1-83　添加文本控件后的效果

（3）输入控件文本内容。在"控件"组中，单击"设计模式"按钮，如图 1-84 所示，输入控件的文本内容（如年份），如图 1-85 所示。输入完成后，单击"设计模式"按钮，取消设计模式，完成文本控件内容的输入。

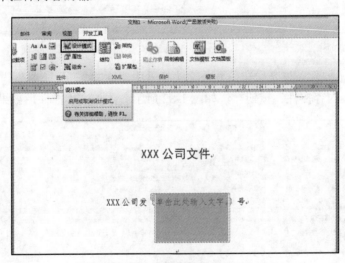

图 1-84　"设计模式"按钮

图 1-85　输入文本控件的内容

（4）添加文件号控件。使用上述（3）中同样的方法，添加文件号控件，如图 1-86 所示。

图 1-86　添加文件号

（5）添加底纹。选择文本控件，单击"开始"选项卡下的"段落"组中的"边框"下拉按钮，选择"边框和底纹"选项，打开"边框和底纹"对话框，选择"底纹"选项卡，设置填充颜色，然后单击"确定"按钮，如图 1-87 所示。设置后的效果如图 1-88 所示。

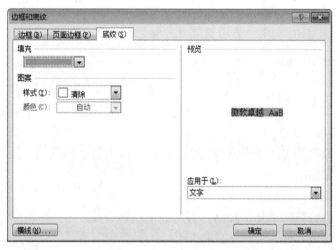

图 1-87　"边框和底纹"对话框

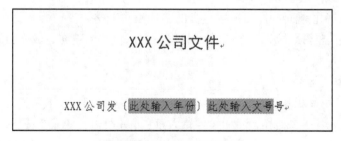

图 1-88　添加底纹后的效果

6. 制作红线

单击"插入"选项卡下的"插图"组中的"形状"按钮，在弹出的形状列表中单击"直线"工具，鼠标会变成"十"字形；左手按住键盘上的 Shift 键，右手拖拽鼠标从左到右划一条水平线；选中直线，在"格式"选项卡下的"形状样式"组中的"形状轮廓"中设置主题颜色为"红色"，粗细为"2.25 磅"，如图 1-89 所示。单击"格式"选项卡下的"大小"组右侧的启动器按钮，弹出"布局"对话框，选择"位置"选项卡，设置水平"对齐方式"为"居中"，如图 1-90 所示，单击"确定"按钮完成设置。

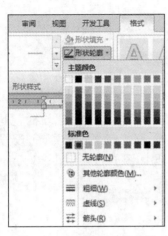

图 1-89　"形状轮廓"窗格

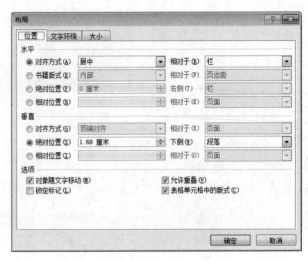

图 1-90　"布局"对话框

1.5.2　制作公文正文内容

1.　公文正文标准

正文内容根据用户的实际需求，可以直接录入文字，也可以从其他文件中将文字复制进来，但必须遵循以下国家标准。

标题：二号，宋字体，居中显示。

主送机关：三号，仿宋字体，顶格，冒号使用全角方式。

正文：三号，仿宋字体。

成文日期：三号，仿宋字体，右空 4 个字的距离，"〇"和六角符号的输入方法一致，不能使用"字母 O"或"数字 0"代替。

文号、签发人、主题词：按照模板定义的字体填写完整。

最后，将红头、红线、文号、签发人、标题、主送机关、正文、成文日期、主题词的相互位置调整好。

2.　添加正文标题控件

添加正文控件方法和添加公文头控件方法相同。单击"开发工具"选项卡下的"控件"组中的"格式文本内容控件"按钮，添加控件输入框；单击"设计模式"按钮，修改文本框内容，设置控件文本格式为宋体，二号，居中显示，段落间距设置段后为 1 行；添加底纹颜色，如图 1-91 所示。

3.　设置标题控件属性

单击"开发工具"选项卡下的"控件"组中的"控件属性"按钮，如图 1-92 所示，弹出如图 1-93 所示的"内容控件属性"对话框，勾选"内容被编辑后删除内容控件"复选框，单击"确定"按钮。

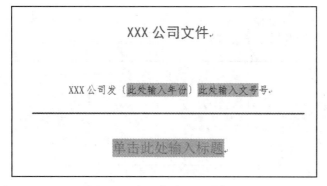

图 1-91　标题格式设置后效果

图 1-92　"控件属性"按钮

图 1-93　"内容控件属性"对话框

4. 插入主送机关控件

　　单击"开发工具"选项卡下的"控件"组中的"格式文本内容控件"按钮，插入控件后，单击"设计模式"按钮，输入内容。

设置主送内容的格式：字体为"仿宋"，字号为"三号"，冒号使用全角方式，段落对齐方式为"左对齐"，段前和段后值为"0"，设置后底纹颜色，设置后的效果如图1-94所示。

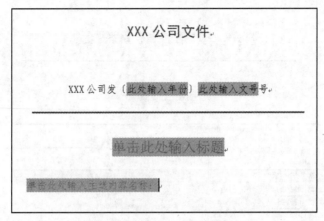

图1-94　设置主送内容格式后的效果

5. 插入正文内容控件

光标定位到主送内容下方，单击"开发工具"选项卡下的"控件"组中的"格式文本内容控件"按钮，插入控件后，单击"设计模式"按钮，输入内容。

设置正文内容格式：字体为"仿宋"，字号为"三号"，添加底纹颜色。

设置段落格式：首行缩进"2字符"，行距为"固定值"，设置值为"28磅"，单击"确定"按钮，如图1-95所示。

图1-95　正文内容段落设置

设置控件的属性：单击"开发工具"选项卡下的"控件"组中的"控件属性"按钮，弹出"内容控件属性"对话框，将标题设置为"正文"，勾选"内容被编辑后删除内容控件"复选框，如图 1-96 所示；单击"确定"按钮后，控件上方显示"正文"标题，设置后效果如图 1-97 所示。

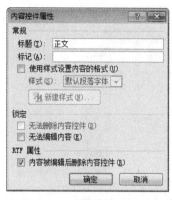

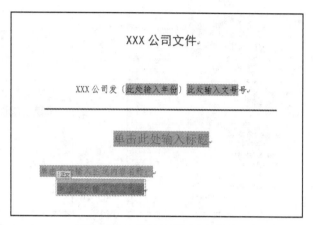

图 1-96　正文内容控件属性设置　　　　　　　　图 1-97　控件属性设置后的效果

6.　添加日期时间控件

单击"开发工具"选项卡下的"控件"组中的"日期选取器内容控件"按钮，添加日期控件，如图 1-98 所示。设置成文日期格式：字体为"仿宋"，字号为"三号"，段落对齐方式为"右对齐"。

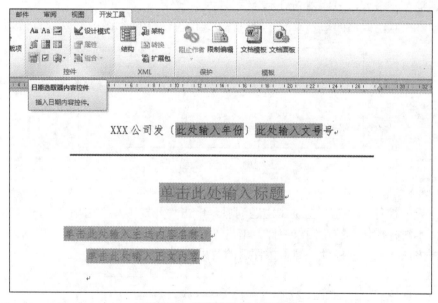

图 1-98　日期选取器内容控件

设置日期控件的属性：单击"开发工具"选项卡下的"控件"组中的"控件属性"按钮，弹出如图 1-99 所示的"内容控件属性"对话框，将标题设置为"发布时间"，在"日期显示方式"下选择一种需要的日期格式，单击"确定"按钮，设置后的效果如图 1-100 所示。

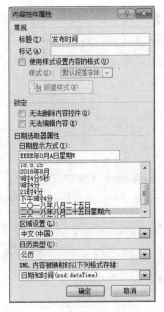 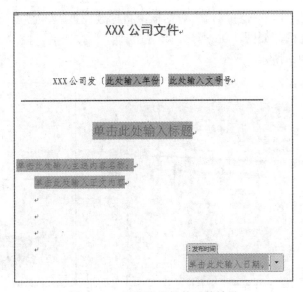

图 1-99　"内容控件属性"对话框　　　　图 1-100　设置日期控件后的效果

7. 制作公文末尾内容

通常公文的末尾包含主题词、抄送机关、印发机关、印发时间以及分割线。

输入公文末尾内容：在日期控件下方输入如图 1-101 所示内容。

设置主题词文本格式：字体为"黑体"，字号为"三号"，字形为"加粗"。

设置其他文本格式：字体为"仿宋"，字号为"三号"。

设置段落格式：段落间距为段前、段后各 0.5 行，行距为"最小值"，设置值为"12 磅"。

图 1-101　公文末尾内容

8. 添加公文末尾控件

插入主题词控件：将光标定位到主题词后，单击"开发工具"选项卡下的"控件"组中的"格式文本内容控件"按钮插入控件；单击"设计模式"按钮，修改文本框内容。

按同样方法插入其他控件，插入控件后的效果如图 1-102 所示。

图 1-102　插入控件后的效果

9．绘制分割线

单击"插入"选项卡下的"插图"组中的"形状"按钮，在弹出的形状列表中单击"直线"工具，鼠标会变成"十"字形；左手按住键盘上的 Shift 键，右手拖拽鼠标从左到右划一条水平线；选中直线，在"格式"选项卡下的"形状样式"组中的"形状轮廓"中设置颜色为"黑色"，粗细为"1 磅"；选中分割线，按住键盘上的 Ctrl 键，复制分割线，将其放置在合适的位置，效果如图 1-103 所示。

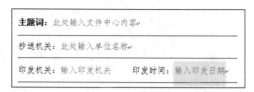

图 1-103　添加分割线后效果

10．保存模板文件

选择"文件"选项卡下的"另存为"命令，弹出"另存为"对话框，选择保存位置，在"保存类型"中选择"Word 模板"，选择"文件名"为"公文模板"，如图 1-104 所示。单击"确定"按钮，模板制作完成。以后所有属于此种类型的公文都可以调用该模板，直接进行公文正文的排版。

要对该模板进行修改，可以调出相应模板，方法是选择"文件"选项卡下的"打开"命令，找到相应的模板路径，单击"打开"按钮调出模板即可进行修改。

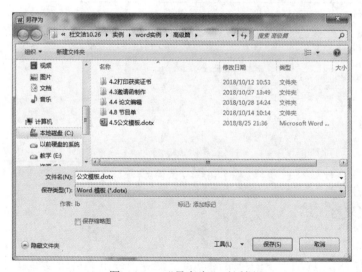

图 1-104　"另存为"对话框

1.6　个人简历的制作

扫码看视频

每到毕业季，很多学生就开始制作个人简历。简历的质量直接影响应聘的效果。制作简历需要做到内容简洁，页面干净整齐。下面以图 1-105 所示的个人简历样式为例，介绍个人简历的制作方法。

个 人 简 历

姓　名		性　别		出生年月		照片
民　族		政治面貌		婚姻状况		
籍　贯		毕业学校				
所学专业		学　历				
学　位		电　话				
E-mail		语言能力		计算机能力		
求职意向						
社会实践	学校（机构）名称	起止日期		专业/课程	学历/证书	
获奖情况						
个人技能及爱好						
主要业绩						
自我评价						

图 1-105　个人简历样式

1.6.1　插入表格

1. 页面设置

选择"页面布局"选项卡下的"页面设置"命令，弹出"页面设置"对话框，在"页边距"选项卡下，设置左、右边距均为 2 厘米，如图 1-106 所示。

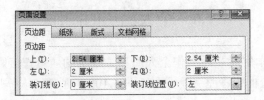

图 1-106　设置页边距

2．插入表格

单击"插入"选项卡下的"表格"组中的"表格"按钮，在下拉列表中选择"插入表格"命令，如图 1-107 所示。在弹出的"插入表格"对话框中，设置列数为 7、行数为 12，如图 1-108 所示。单击"确定"按钮插入表格，如图 1-109 示。

图 1-107　"插入表格"命令

图 1-108　"插入表格"对话框

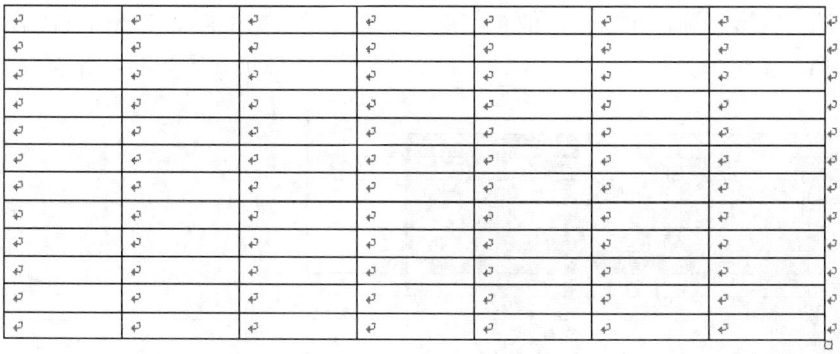

图 1-109　插入的表格

1.6.2　填写表格内容

1．输入表格标题内容

将光标移动到第一个单元格处，按下回车键，在表格上方插入一行，输入表格标题内容"个人简历"，如图 1-110 所示。

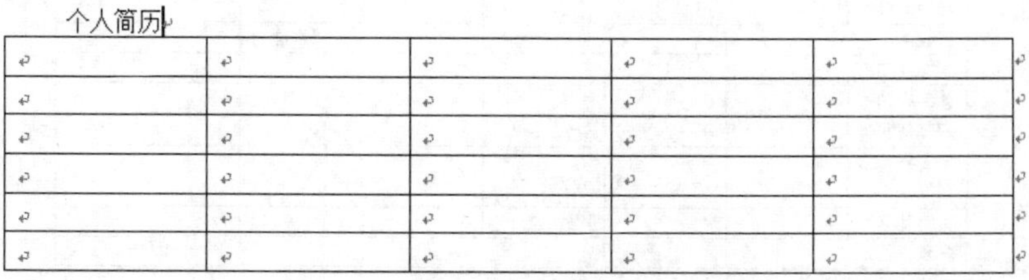

个人简历

图 1-110　输入表格标题内容

2. 输入表格其他内容

按图 1-105 所示，依次输入表格的其他单元格内容，输入后的效果如图 1-111 所示。

个人简历						
姓名		性别		出生年月		
民族		政治面貌		婚姻状况		
籍贯			毕业学校			
所学专业			学历			
学位			电话			
E-mail			语言能力		计算机能力	
求职意向						
社会实践						
获奖情况						
个人技能及爱好						
主要业绩						
自我评价						

图 1-111　输入文字后的效果

1.6.3　合并与拆分

1. 调整单元格列宽

选择图 1-111 所示表格的 1～6 列，如图 1-112 所示，单击"布局"选项卡下的"单元格大小"组中的"宽度"项，在其后面的数值区域中输入"2.3 厘米"，如图 1-113 所示。同样方法选择第 7 列，调整单元格宽度为"3.5 厘米"，调整后的效果如图 1-114 所示。

个人简历						
姓名		性别		出生年月		
民族		政治面貌		婚姻状况		
籍贯			毕业学校			
所学专业			学历			
学位			电话			
E-mail			语言能力		计算机能力	
求职意向						
社会实践						
获奖情况						
个人技能及爱好						
主要业绩						
自我评价						

图 1-112　选择 1～6 列

图 1-113　调整 1～6 列的列宽

个人简历						
姓名		性别		出生年月		
民族		政治面貌		婚姻状况		
籍贯			毕业学校			
所学专业			学历			
学位			电话			
E-mail			语言能力		计算机能力	
求职意向						
社会实践						
获奖情况						
个人技能及爱好						
主要业绩						
自我评价						

图 1-114　调整列宽后的效果

2. 调整单元格行高

如图 1-115 所示，选择 1～7 行数据，调整高度为"1.3 厘米"，如图 1-116 所示。选择 8～12 行，设置高度为"2.5 厘米"，设置后的效果如图 1-117 所示。

个人简历

姓名		性别		出生年月		
民族		政治面貌		婚姻状况		
籍贯		毕业学校				
所学专业		学历				
学位		电话				
E-mail		语言能力		计算机能力		
求职意向						

图 1-115　选择 1～7 行

图 1-116　调整行高

个人简历

姓名		性别		出生年月		
民族		政治面貌		婚姻状况		
籍贯		毕业学校				
所学专业		学历				
学位		电话				
E-mail		语言能力		计算机能力		
求职意向						
社会实践						
获奖情况						
个人技能及爱好						
主要业绩						
自我评价						

图 1-117　调整行高后的效果

3. 合并单元格

选中第 3 行的第 2、3 列单元格，如图 1-118 所示，单击"布局"选项卡下的"合并"组中的"合并单元格"命令，如图 1-119 所示，合并后的效果如图 1-120 所示。

姓名		性别		出生年月		
民族		政治面貌		婚姻状况		
籍贯			毕业学校			

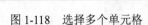

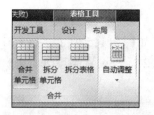

图 1-118　选择多个单元格

图 1-119　“合并单元格”命令

姓名		性别		出生年月		
民族		政治面貌		婚姻状况		
籍贯		毕业学校				

图 1-120　合并后的效果

按同样的方法对表格其他单元格进行合并，合并后的效果如图 1-121 所示。

个人简历

姓名		性别		出生年月		
民族		政治面貌		婚姻状况		
籍贯		毕业学校				
所学专业		学历				
学位		电话				
E-mail		语言能力		计算机能力		
求职意向						
社会实践						
获奖情况						
个人技能及爱好						
主要业绩						
自我评价						

图 1-121　合并后的表格效果

4. 拆分单元格

选择"社会实践"右侧单元格，单击"布局"选项卡下的"合并"组中的"拆分单元格"命令，如图 1-122 所示，弹出"拆分单元格"对话框，在列数中输入 4，在行数中输入 3，如图 1-123 所示，拆分后的效果如图 1-124 所示，在拆分的表格中输入文字内容。

图 1-122　"合并"组

图 1-123　"拆分单元格"对话框

社会实践	↵	↵	↵	↵
	↵	↵	↵	↵
	↵	↵	↵	↵

图 1-124　拆分后的效果

1.6.4　格式化表格

1. 标题格式设置

选中标题文本，设置字体为"隶书""二号"字，对齐方式为"居中"，字符间距的磅值为"3 磅"、间距为"加宽"，其他设置如图 1-125 所示。

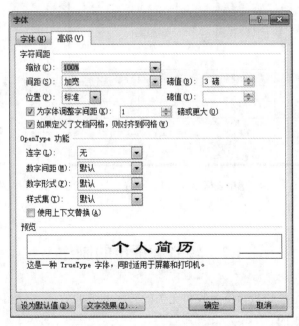

图 1-125　"字体"对话框

2．设置对齐方式

选中整个表格，单击"布局"选项卡下的"对齐方式"组中的"水平居中"按钮，设置表格中所有文字在单元格内水平和垂直均居中，如图 1-126 所示。

3．设置边框

选中整个表格，设置边框的线型如图 1-127 所示，应用于外边框。

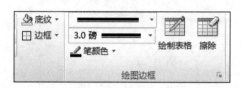

图 1-126　设置对齐方式　　　　　　　　　图 1-127　设置边框

4．设置底纹

按住 Ctrl 键，拖拽鼠标选择表格中的所有文字，如图 1-128 所示。单击"设计"选项卡下的"表格样式"组中的"底纹"按钮，在下拉列表中选择要填充的底纹颜色，如图 1-129 所示。

姓名		性别		出生年月		
民族		政治面貌		婚姻状况		
籍贯			毕业学校			
所学专业			学历			
学位			电话			
E-mail			语言能力		计算机能力	
求职意向						
社会实践	机构名称		起止日期		专业	证书
获奖情况						

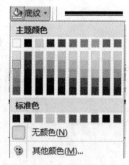

图 1-128　选中表格全部文字　　　　　　　　图 1-129　设置底纹颜色

扫码看视频

1.7　转账凭证单的制作

转账凭证是用以记录与货币资金收付无关的转账业务的凭证，它是由会计人员根据审核无误的转账原始凭证填制的。

1.7.1　创建表格

1. 设置纸张方向

单击"页面布局"选项卡下的"页面设置"组中的"纸张方向"按钮，在弹出的下拉列表中选择"横向"命令，如图 1-130 所示。

图 1-130　设置纸张方向

2. 设置纸张大小

单击"页面布局"选项卡下的"页面设置"组中的"纸张大小"按钮，在弹出的下拉列表中选择"信封 C5"命令，如图 1-131 所示。

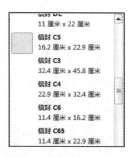

图 131　设置纸张大小

3. 插入表格

单击"插入"选项卡下的"表格"组中的"表格"按钮，在弹出的下拉列表中用鼠标拖拽出 5×8 表格，如图 1-132 所示。生成的表格效果如图 1-133 所示。

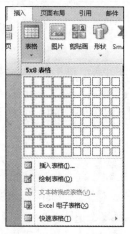

图 1-132　插入表格

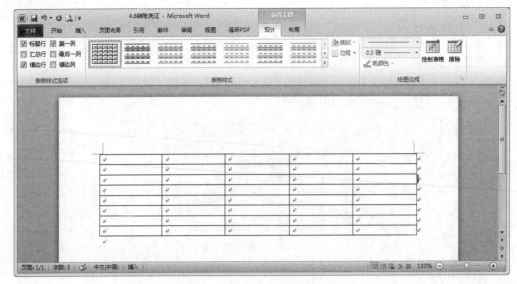

图 1-133　生成的 8 行 5 列的表格

1.7.2　编辑表格

1. 输入标题及表格内容

将光标移动到第一个单元格处，按回车键，在表格上方插入一行，输入标题内容"转账凭证"，再次按回车键，输入"年月日"和"特字第　号"，如图 1-134 所示。

转账凭证				
年月日　特字第　号				
摘要	总账科目	明细科目	借方金额	贷方金额
合计				
财务主管	记账	出纳	审核	制单

图 1-134　填写内容后的表格

2. 合并单元格

选择"摘要"及其下方的一个单元格，单击鼠标右键，在弹出的快捷菜单中选择"合并单元格"命令，如图 1-135 所示，将"摘要"及其下方的一个单元格进行合并。使用同样的方法分别将"总账科目"和"明细科目"及其下面的一个单元格进行合并。合并单元格后的效果如图 1-136 所示。

3. 拆分单元格

选择"财务主管"单元格，单击鼠标右键，在弹出的快捷菜单中选择"拆分单元格"命令，如图 1-137 所示，弹出"拆分单元格"对话框，如图 1-138 所示，列数更改为 2，行数为 1，单击"确定"按钮。用同样的方法分别将"记账""出纳""审核""制单"单元格拆分为 2 列，拆分后的效果如图 1-139 所示。

转账凭证
年月日 特字
宋体 (中文正文
五号
摘要
科目
借方金额
贷方金额
剪切(T)
复制(C)
粘贴选项:
汉字重选(V)
插入(I)
删除单元格(D)...
选择(C)
合并单元格(M)
边框和底纹(B)...
文字方向(X)...
单元格对齐方式(G)
自动调整(A)
表格属性(R)...
合计
财务主管
出纳
审核
制单

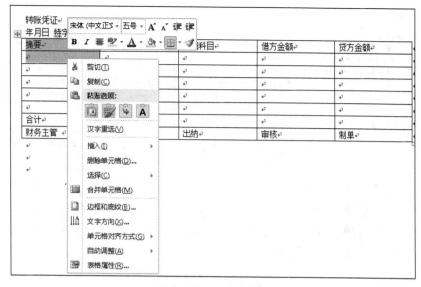

图 1-135　合并单元格

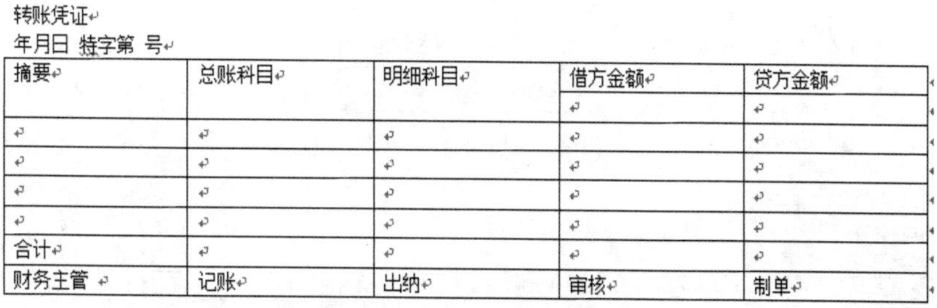

转账凭证
年月日 特字第 号
摘要
总账科目
明细科目
借方金额
贷方金额
合计
财务主管
记账
出纳
审核
制单

图 1-136　合并单元格后的效果

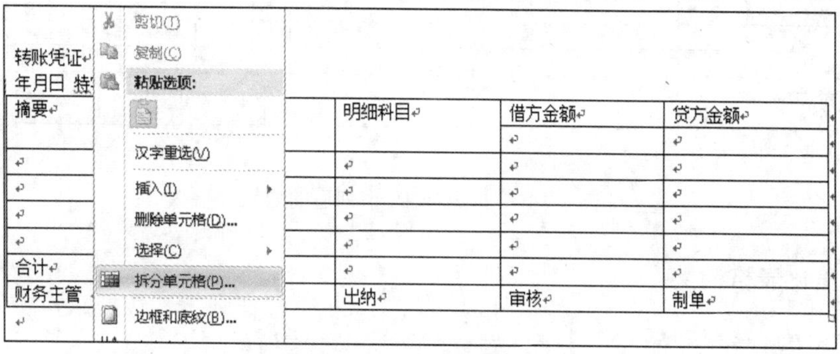

剪切(T)
复制(C)
粘贴选项:
转账凭证
年月日 特
摘要
汉字重选(V)
插入(I)
删除单元格(D)...
选择(C)
拆分单元格(P)...
边框和底纹(B)...
合计
财务主管
明细科目
借方金额
贷方金额
出纳
审核
制单

图 1-137　“拆分单元格”命令

拆分单元格
列数(C): 2
行数(R): 1
拆分前合并单元格(M)
确定
取消

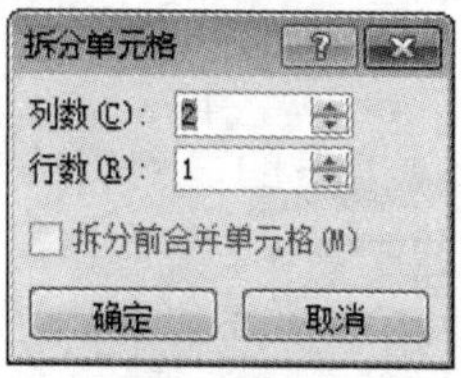

图 1-138　“拆分单元格”对话框

转账凭证
年月日 特字第　号

摘要	总账科目	明细科目	借方金额	贷方金额	
合计					
财 务 主 管		记账		出纳		审核		制单	

图 1-139　单元格拆分后的效果

　　选择"借方金额"和"贷方金额"单元格下方的 6 行 2 列空白单元格区域，选择"表格工具"中"布局"选项卡下的"合并"组中的"拆分单元格"命令，弹出"拆分单元格"对话框，设置列数为 18，行数为 6，勾选"拆分前合并单元格"选项，如图 1-140 所示，单击"确定"按钮，拆分后的效果如图 1-141 所示。

图 1-140　"拆分单元格"对话框

转账凭证
年月日 特字第　号

摘要	总账科目	明细科目	借方金额									贷方金额						
合计																		
财 务 主 管		记账		出纳		审核		制单										

图 1-141　拆分成 18 小列后的效果

1.7.3　美化表格

1．设置字体

　　选择整个表格，设置字体为"小五"号字。选择标题"转账凭证"，设置其字号为"三号"，加单下划线。选择第二行"特字第　号"，将其设置为"粗体"。

2．设置对齐方式

　　选择整个表格，单击"布局"选项卡下的"对齐方式"组中的"水平居中"按钮，设置文字在单元格内水平和垂直方向均为居中。

　　选择标题"转账凭证"，单击"开始"选项卡下的"段落"组中的"居中"按钮，设置标题居中对齐。

手动插入空格调整第二行"年月日"对齐方式。设置后的效果如图 1-142 所示。

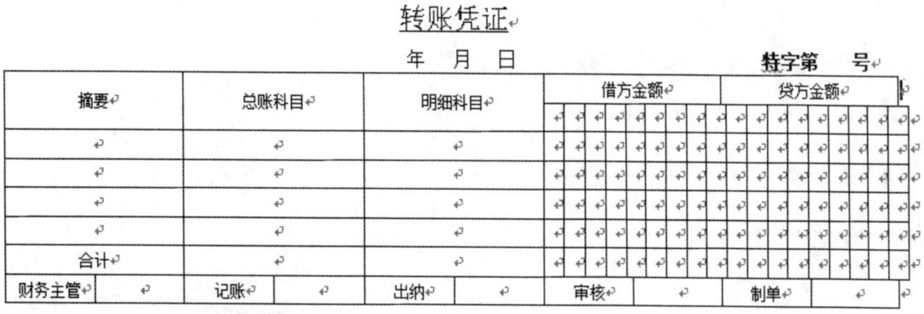

图 1-142　设置字体和对齐方式后的效果

3. 调整列宽

将鼠标移动到"借方金额"和"贷方金额"单元格中间，当鼠标变成双向箭头◀▐▶时，按住鼠标拖拽，调整列宽，如图 1-143 所示。同样的方法拖拽调整"贷方金额"单元格宽度，调整后的效果如图 1-144 所示。

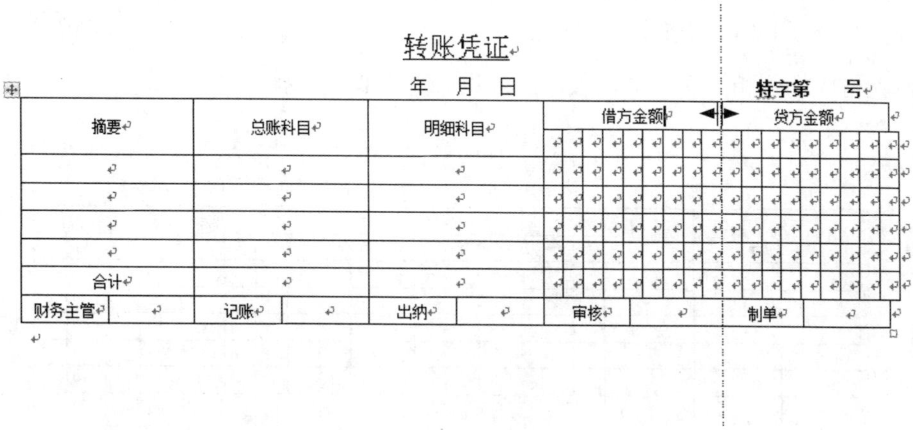

图 1-143　调整列宽

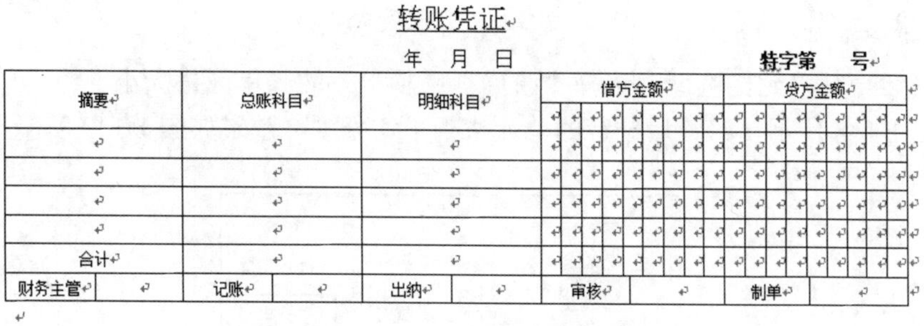

图 1-144　调整列宽后的效果

选定"借方金额"和"贷方金额"单元格下面的所有拆分后的空白单元格，选择"布局"选项卡下的"表"组中的"属性"命令，弹出如图 1-145 所示的"表格属性"对话框，单击"选项"按钮，弹出"单元格选项"对话框，如图 1-146 所示，在该对话框中勾选"与整张表格相同"选项，单击"确定"按钮关闭"单元格选项"对话框。单击"表格属性"对话框中的"确定"按钮，将其关闭。

图 1-145　"表格属性"对话框 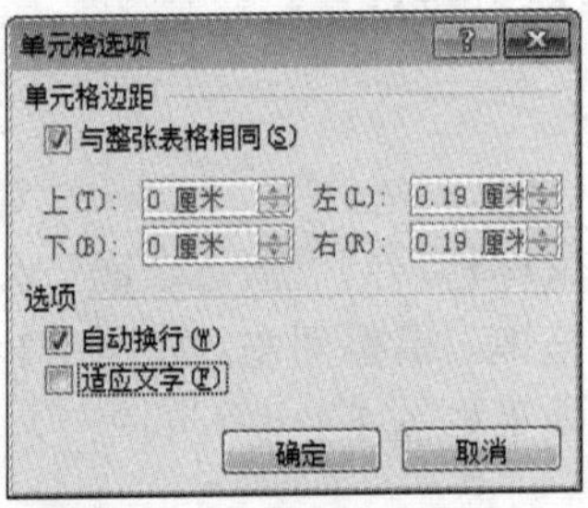　　　　　　　　图 1-146　"单元格选项"对话框

在单元格中输入相关文字，输入后的效果如图 1-147 所示。

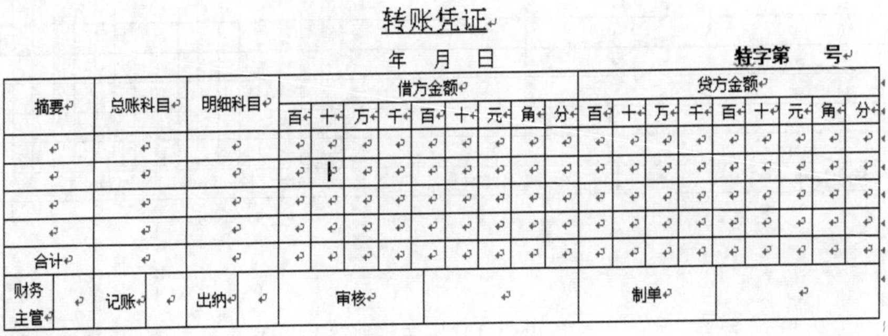

转账凭证

摘要	总账科目	明细科目	借方金额									贷方金额								
			百	十	万	千	百	十	元	角	分	百	十	万	千	百	十	元	角	分
合计																				
财务主管	记账	出纳	审核					制单												

年　月　日　　　　　　　　　　　　　　特字第　号

图 1-147　输入文字后的效果

4. 平均分布列

选择最后一行单元格区域，选择"布局"选项卡下的"单元格大小"组中的"分布列"命令，如图 1-148 所示，将最后一行的单元格列平均分割，效果如图 1-149 所示。

图 1-148　"分布列"命令

5. 设置表格外边框

选择整个表格，在"设计"选项卡下的"绘图边框"组中选择线粗细为"2.25 磅"，单击

"表格样式"组中的"边框"下拉列表,选择"外侧边框",如图 1-150 所示。将表格外侧边框粗细设置为"2.25 磅"后的效果如图 1-151 所示。

转账凭证

年　月　日　　　　　　　　　　　　特字第　号

摘要	总账科目	明细科目	借方金额									贷方金额								
			百	十	万	千	百	十	元	角	分	百	十	万	千	百	十	元	角	分
合计																				
财务主管		记账		出纳			审核			制单										

图 1-149　平均分布列后的效果

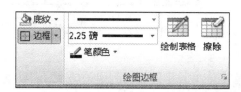

图 1-150　设置表格外边框

转账凭证

年　月　日　　　　　　　　　　　　特字第　号

摘要	总账科目	明细科目	借方金额									贷方金额								
			百	十	万	千	百	十	元	角	分	百	十	万	千	百	十	元	角	分
合计																				
财务主管		记账		出纳			审核			制单										

图 1-151　设置外边框后的效果

6. 设置双实线边框

如图 1-152 所示,选择表格单元格区域(利用 Ctrl 键),按上述"设置表格外边框"方法设置右侧边框样式为双实线,如图 1-153 所示。设置后的效果如图 1-154 所示。

转账凭证

年　月　日　　　　　　　　　　　　特字第　号

摘要	总账科目	明细科目	借方金额									贷方金额								
			百	十	万	千	百	十	元	角	分	百	十	万	千	百	十	元	角	分
合计																				
财务主管		记账		出纳			审核			制单										

图 1-152　选择单元格区域

图 1-153 设置双实线右侧边框

转账凭证

摘要	总账科目	明细科目	借方金额									贷方金额								
			百	十	万	千	百	十	元	角	分	百	十	万	千	百	十	元	角	分
合计																				
财务主管		记账		出纳				审核				制单								

图 1-154 设置双实线后的效果

7. 设置右边框

如图 1-155 所示，选择多个单元格区域（利用 Ctrl 键），设置右边框为"2.25 磅"，如图 1-156 所示。设置后的效果如图 1-157 所示。

转账凭证

摘要	总账科目	明细科目	借方金额									贷方金额								
			百	十	万	千	百	十	元	角	分	百	十	万	千	百	十	元	角	分
合计																				
财务主管		记账		出纳				审核				制单								

图 1-155 选择多个单元格区域

图 1-156 设置右边框

转账凭证

摘要	总账科目	明细科目	借方金额									贷方金额								
			百	十	万	千	百	十	元	角	分	百	十	万	千	百	十	元	角	分
合计																				
财务主管		记账		出纳				审核				制单								

图 1-157 设置后的效果

扫码看视频

1.8　节目单的制作

本小节介绍如何制作如图 1-158 所示的节目单。

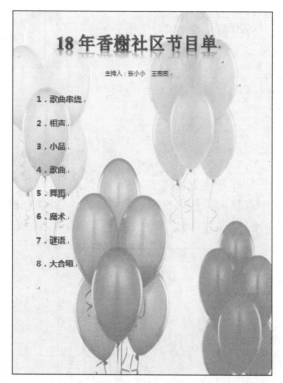

图 1-158　节目单最终效果

1.8.1　设置字体格式

1. 设置标题字体格式

打开节目单源文件。选择第一行文字，单击"字体"组中相应按钮，设置字体为"微软雅黑"、字号为"小四"、字形为"加粗"、字体颜色为"蓝色"、对齐方式为"居中"，如图 1-159 所示。

图 1-159　标题字体格式设置

2. 设置正文字体格式

选择第 2~8 行的文字，单击"字体"组中相应按钮，设置字体为"微软雅黑"、字号为"三号"、字体颜色为"蓝色"、字形为"加粗"，如图 1-160 所示。单击"段落"组中的"行和段落间距"按钮，在下拉列表中选择"3.0"，设置行间距为 3.0，如图 1-161 所示。

图 1-160　设置第 2～8 行字体格式　　　　　　图 1-161　设置行间距

1.8.2　艺术字

1．插入艺术字

将鼠标定位到标题上的回车符号处，单击"插入"选项卡下的"文本"组中的"艺术字"按钮，在弹出的下拉列表中选择第 5 行第 5 列艺术字样式，如图 1-162 所示，插入艺术字，如图 1-163 所示。将艺术字内容更改为"18 年香榭社区节目单"，如图 1-164 所示。

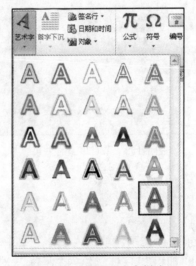

图 1-162　插入艺术字样式

图 1-163　插入的艺术字

图 1-164　更改文字内容后的艺术字

2．设置艺术字环绕方式

选择艺术字，单击"格式"选项卡下的"排列"组中的"自动换行"按钮，在弹出的下拉列表中选择"上下型环绕"命令，如图 1-165，并将艺术字移动到文件最上方。

图 1-165　设置艺术字环绕方式

3．设置艺术字对齐方式

选择艺术字，单击"格式"选项卡下的"大小"组中的启动器按钮，弹出"布局"对话框，选择"位置"选项卡，设置"水平"位置的对齐方式为"居中"，如图 1-166 所示，单击"确定"按钮，设置后效果如图 1-167。

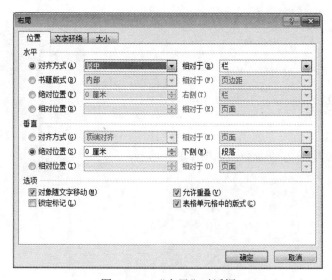

图 1-166　"布局"对话框

图 1-167　对齐后效果

1.8.3 图片

1. 插入图片

单击"插入"选项卡下的"插图"组中的"图片"按钮，如图 1-168，在弹出的"插入图片"对话框中选择文件夹位置及文件，单击"插入"按钮。

图 1-168　"图片"按钮

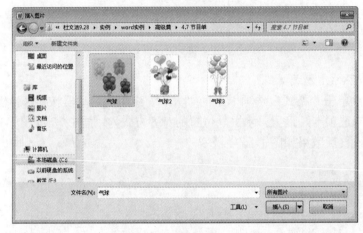

图 1-169　"插入图片"对话框

2. 设置图片环绕方式

选择图片，单击"格式"选项卡下的"排列"组中的"自动换行"按钮，在弹出的下拉列表中选择"衬于文字下方"命令，如图 1-170 所示。

图 1-170　设置图片环绕方式

3. 设置图片大小

选择图片，将鼠标移动到图片四周的句柄处，拖拽鼠标，将图片调整为与页面大小一样，如图 1-171 所示。

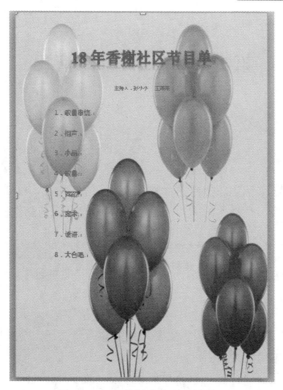

图 1-171　调整图片大小后的效果

4. 设置图片颜色

单击"格式"选项卡中的"调整"组中的"颜色"按钮，在弹出的下拉列表中选择"重新着色"类别中的"金色，强调文字颜色 4 浅色"项，如图 1-172 所示。至此，完成节目单制作。

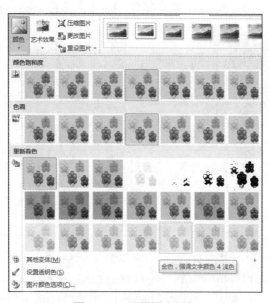

图 1-172　设置图片颜色

第 2 章 Excel 高级应用

2.1 公式与函数

在 Excel 中，函数按其不同的功能分为常用函数、财务函数、日期与时间函数、数学与三角函数、统计函数、查找与替换函数等，下面介绍常用的公式与函数的格式及功能。

2.1.1 公式

公式是对工作表中数据进行统计分析的等式。公式一般由函数、单元格引用、常量和运算符组成。

1. 公式的输入

所有公式都以 "=" 开头，后面是公式表达式。输入公式后，公式的计算结果显示在单元格中，公式内容显示在编辑栏中。

可以在编辑栏中输入公式，也可以在单元格中输入公式。具体操作方法如下所述。

选定要输入公式的单元格，在单元格中首先输入一个等号 "="，然后输入公式内容，确认输入后，单击工具栏中的 "√" 按钮或按回车键，计算结果自动填入到该单元格中。例如在图 2-1 所示的表格中，计算杨柳的实发工资，操作方法：鼠标单击 G3 单元格，输入 "=" 号，再输入公式内容，如图 2-1 所示，单击 "√" 按钮或按回车键，结果显示在 G3 单元格中，如图 2-2 所示。

G3		f_x	=D3+E3-F3			
	A	B	C	D	E	F	G
1	某软件公司工资表						
2	序号	部门	姓名	基本工资	奖金	扣款	实发工资
3	003	销售部	杨柳	3500	1950	130	=D3+E3-F3
4	004	开发部	王丹	2600	2000	120	
5	002	开发部	蔡莹	2600	1800	50	
6	001	培训部	凌洋洋	2300	1500	30	
7	005	培训部	谢芳芳	2500	1300	30	
8	006	测试部	高小飞	3000	2000	150	
9	007	市场部	任丽	2600	1500	100	
10	008	销售部	贾鸣	2300	1800	100	

图 2-1　计算杨柳的实发工资的公式

H5		f_x				
	A	B	C	D	E	F	G
1	某软件公司工资表						
2	序号	部门	姓名	基本工资	奖金	扣款	实发工资
3	003	销售部	杨柳	3500	1950	130	5320
4	004	开发部	王丹	2600	2000	120	
5	002	开发部	蔡莹	2600	1800	50	
6	001	培训部	凌洋洋	2300	1500	30	
7	005	培训部	谢芳芳	2500	1300	30	
8	006	测试部	高小飞	3000	2000	150	
9	007	市场部	任丽	2600	1500	100	
10	008	销售部	贾鸣	2300	1800	100	

图 2-2　计算杨柳的实发工资结果

2. 单元格的引用

单元格的引用是从工作表中提取相关单元格数据的一种方法。Excel 中单元格引用分为相对引用、绝对引用和混合引用 3 种。

（1）相对引用。相对引用就是直接使用单元格的名称，即行列标志，如 D3，如果公式所在单元格位置改变，引用也相应改变。相对引用的好处是当编制的公式被复制到其他单元格时，Excel 能够根据移动的位置自动调节引用的单元格。例如，要计算图 2-2 中所有人的实发工资，选定 G3 单元格，鼠标向下拖拽 G3 单元格右下角的填充柄，拖拽到最后一个实发工资单元格松开鼠标，可以看到所有人的实发工资都计算完成，如图 2-3 所示。

（2）绝对引用。绝对引用就是在单元格行号和列标前都加上"$"符号。当公式被复制时，公式中引用的单元格不变。

在图 2-1 中，将 G3 单元格公式更改为"=$D$3+$E$3-$F$3"后，向下填充所有的实发工资，此时所有的实发工资计算公式都是"=$D$3+$E$3-$F$3"，所有人的实发工资计算结果都和第一个人一样是 3770，如图 2-4 所示。

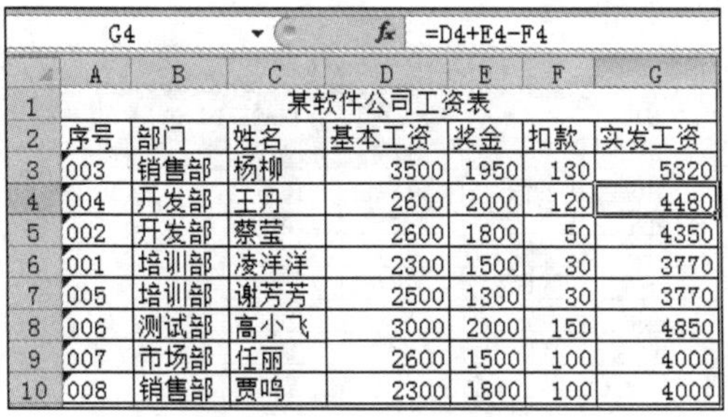

图 2-3　相对引用公式　　　　　　　　图 2-4　绝对引用公式

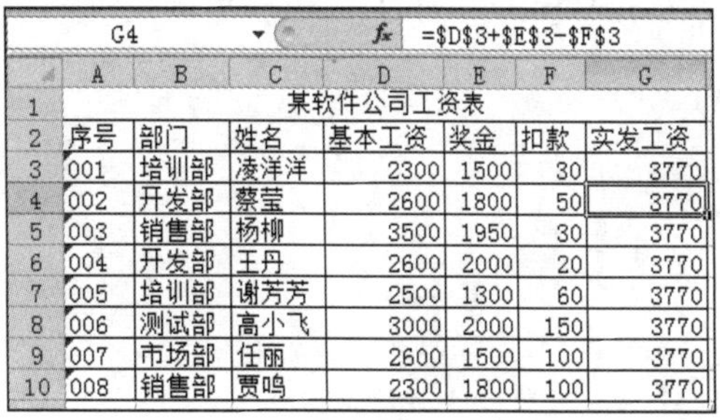

（3）混合引用。混合引用指在引用单元格名称时，在行号或列标前加"$"符号的引用方法。即行绝对引用，而列相对引用；或行相对引用，而列绝对引用。

2.1.2　函数

函数是 Excel 预定义的公式。使用函数可以提高工作效率，减少错误。

1. 函数的组成

函数由函数名和参数组成，格式如下：

　　　　函数名(参数 1,参数 2,…)

函数必须加括号；函数中可以有参数，也可以没有参数；参数可以是具体的数值、文本、逻辑值、数组、单元格引用、区域或表达式等；函数本身也可以作为参数。

2. 函数的输入

（1）手动输入。选定要输入函数的单元格，输入"="和函数名及参数，按回车键即可。如图 2-5 所示，在 C12 单元格中计算"高数"的总分，则选定 C12 单元格，直接输入"=SUM(C2:C11)"，然后按回车键。

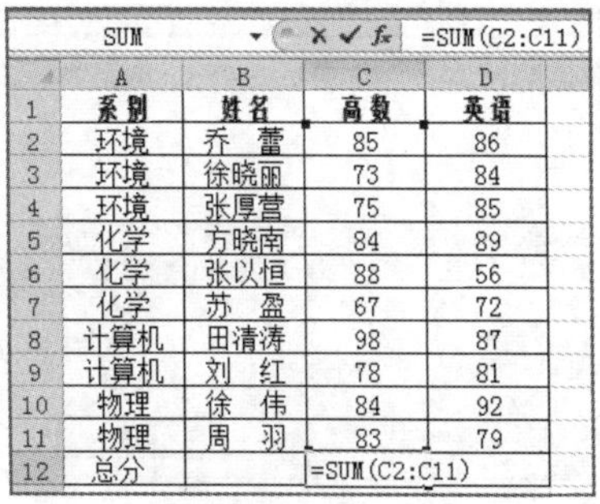

图 2-5　手动输入函数

（2）自动求和按钮。常用的一些函数，如求和、求平均值、求最大值、求最小值等可以使用"自动求和"按钮来实现。

在图 2-5 中，要计算英语成绩的平均分，先选定 D13 单元格，单击"开始"选项卡下的"编辑"组中的"自动求和"按钮右侧的下三角形按钮，弹出如图 2-6 所示的下拉列表（或单击"公式"选项卡下的"函数库"组中的"自动求和"按钮下三角形按钮，也会弹出相同的下拉列表），在列表中选择"平均值"选项，则在 D13 单元格自动插入函数公式"=AVERAGE(D2:D12)"，按回车键即可，如图 2-7 所示。

图 2-6 下拉列表

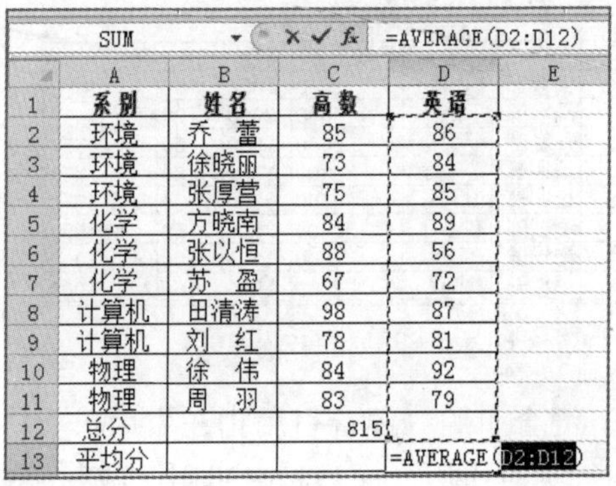

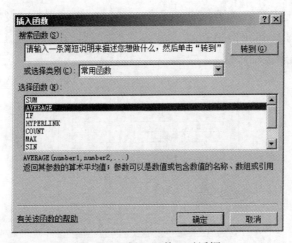

图 2-7 自动求平均

（3）插入函数按钮。单击"公式"选项卡下的"函数库"组中的"插入函数"按钮，弹出如图 2-8 所示的"插入函数"对话框。对话框中提供了函数搜索功能，在"选择函数"列表中列出了可选的全部函数，选中某一函数，如"AVERAGE"，单击"确定"按钮，弹出"函数参数"对话框，如图 2-9 所示，其中显示了函数的名称和参数，函数功能和参数的描述，函数的当前结果和整个公式的结果。一般情况下，系统会给定默认的参数，若与要求相符，单击"确定"按钮，若与要求不相符，单击 按钮，重新选择参数后单击 按钮返回"函数参数"对话框，单击"确定"按钮。

图 2-8 "插入函数"对话框

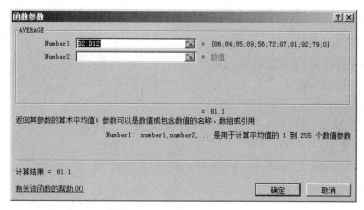

图 2-9 "函数参数"对话框

2.1.3 常用函数

1. 求和函数 SUM

格式：SUM(Number1,Number2,…)

功能：计算单元格区域中所有数值的和。

2. 求平均值函数 AVERAGE

格式：AVERAGE(Number1,Number2,…)

功能：返回其参数的算术平均值。

3. 求最大值函数 MAX

格式：MAX(Number1, Number2,…)

功能：返回一组数值中的最大值。

4. 求最小值函数 MIN

格式：MIN(Number1, Number2,…)

功能：返回一组数值中的最小值。

5. 求记录个数函数 COUNT

格式：COUNT (Value1, Value2,…)

功能：计算区域中包含数字单元格的个数。

6. 条件函数 IF

格式：IF(Logical_test,Value_if_true,Value_if_false)

功能：判断是否满足某个条件，如果满足返回一个值，如果不满足则返回另一个值。

例如：IF(F4>60,"合格","不合格")，如果 F4 单元格的值大于等于 60，返回值为"合格"，如果小于等于 60，则返回"不合格"。

7. 向下取整函数 INT

格式：INT(Number)

功能：将数值向下取最接近的整数。

8. 取整函数 TRUNC

格式：TRUNC(Number,[Num_digits])

功能：将指定数值 Number 的小数部分截去，返回整数。

9. 四舍五入函数 ROUND

格式：ROUND(Number1,Num_digits)

功能：按指定的位数对数值进行四舍五入。

10. 求平方根函数 SQRT

格式：SQRT(Number)

功能：返回数值的平方根。

11. MOD 函数

格式：MOD(Number, Divisor)

功能：返回两数相除的余数。

12. YEAR 函数

格式：YEAR (Serial_number)

功能：返回日期的年份，是一个 1900～9999 的数字。

13. MONTH 函数

格式：MONTH (Serial_number)

功能：返回月份值，是一个 1～12 的数字。

14. DAY 函数

格式：DAY (Serial_number)

功能：返回一个月中的第几天的数值，是一个 1～31 的数。

15. TODAY 函数

格式：TODAY()

功能：返回当前日期。

16. MID 函数

格式：MID(Text, Start_num, Num_chars)

功能：返回文本字符串中从指定位置开始的特定数目的字符，该数目由用户指定。

2.1.4 高级函数

1. 条件求和函数

格式：SUMIF(Range,Criteria,[Sum_range])

功能：对满足条件的单元格求和。

参数介绍：

Range：必选，用于条件计算的单元格区域。

Criteria：必选，以数字、表达式或文本形式定义的条件。

Sum_range：可选，用于求和计算的实际单元格。如果省略，将对 Range 参数中指定的单元格求和。

例 1：计算女生英语成绩总和，将计算结果放在 G3 单元格中，方法如下：

打开"高级函数.xlsx"中的 Sheet1 表，选择 G3 单元格，输入公式"=SUMIF(C2:C15,"女",E2:E15)"，按回车键，如图 2-10 所示。

2. 多条件求和函数

格式：SUMIFS(Sum_range, Criteria_range1, Criteria1, [Criteria_range2, Criteria2], ...)

功能：对一组满足给定条件的单元格求和。

G3　=SUMIF(C2:C15,"女",E2:E15)

	A	B	C	D	E	F	G	H
1	系别	姓名	性别	高数	英语			
2	环境	乔 蕾	女	85	86		女生英语成绩和	
3	环境	徐晓丽	女	73	84		502	
4	环境	张厚营	男	75	85			
5	化学	方晓南	女	84	89			
6	化学	李 峰	男	86	70			
7	化学	张以恒	男	88	56			
8	化学	苏 盈	女	67	72			
9	计算机	田清涛	男	98	87			
10	计算机	吴莉莉	女	85	90			
11	计算机	刘建鹏	男	87	84			
12	计算机	肖法刚	男	82	81			
13	计算机	刘 红	女	78	81			
14	物理	徐 伟	男	84	92			
15	物理	周 羽	男	83	79			
16								

图 2-10　女生英语成绩总和

参数介绍：

Sum_range：必选，求和的实际单元格。

Criteria_range1：必选，为特定条件计算的单元格区域。

Criteria1：必选，为数字、表达式或文本形式定义的条件，定义了单元格求和的范围。

Criteria_range2, Criteria2, …：可选，附加的区域及其关联条件。

例 2：计算图 2-10 中化学专业女生英语成绩和，将计算结果放在 G5 单元格中。

选择 G5 单元格，输入公式"=SUMIFS(E2:E15,A2:A15,"化学",C2:C15,"女")"，按回车键，如图 2-11 所示。

G5　=SUMIFS(E2:E15,A2:A15,"化学",C2:C15,"女")

	A	B	C	D	E	F	G	H
1	系别	姓名	性别	高数	英语			
2	环境	乔 蕾	女	85	86		女生英语成绩和	
3	环境	徐晓丽	女	73	84		502	
4	环境	张厚营	男	75	85		化学女生英语成绩和	
5	化学	方晓南	女	84	89		161	
6	化学	李 峰	男	86	70			

图 2-11　化学专业女生英语成绩和

3. 条件求平均函数

格式：AVERAGEIF(Range, Criteria, [Average_range])

功能：查找给定条件的指定单元格的算术平均值。

参数介绍：

Range：必选，要计算平均值的单元格区域。

Criteria：必选，数字、表达式或文本形式的条件，用于定义要对哪些单元格计算平均值。

Average_range：可选，要计算平均值的实际单元格区域，如果忽略，则使用 Range。

例 3：计算图 2-10 中的女生英语平均分，将计算结果放在 G7 单元格中。

选择 G7 单元格，输入公式"=AVERAGEIF(C2:C15,"女",E2:E15)"，按回车键，如图 2-12 所示。

4. 多条件平均值函数

格式：AVERAGEIFS(Average_range, Criteria_range1, Criteria1, [Criteria_range2, Criteria2], …)

功能：查找一组满足给定条件的单元格的算术平均值。

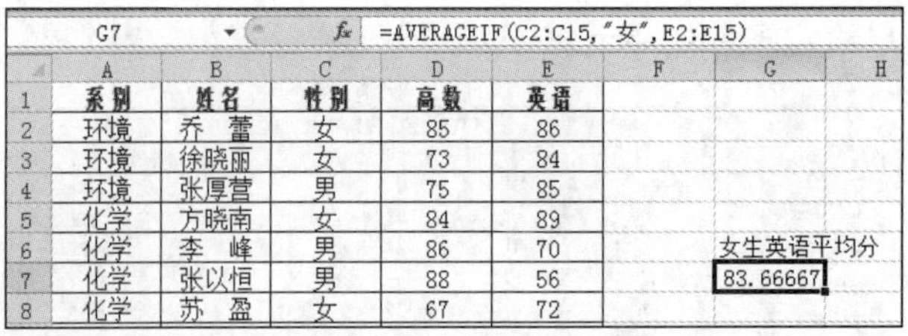

G7 =AVERAGEIF(C2:C15,"女",E2:E15)

	A	B	C	D	E	F	G	H
1	系别	姓名	性别	高数	英语			
2	环境	乔　蕾	女	85	86			
3	环境	徐晓丽	女	73	84			
4	环境	张厚营	男	75	85			
5	化学	方晓南	女	84	89			
6	化学	李　峰	男	86	70		女生英语平均分	
7	化学	张以恒	男	88	56		83.66667	
8	化学	苏　盈	女	67	72			

图 2-12　女生英语平均分

参数介绍：

Average _ range：必选，要为特定条件计算平均值的单元格区域。

Criteria_range1：必选，在其中计算关联条件的第一个区域。

Criteria1：必选，为数字、表达式或文本形式定义的条件，定义了单元格求平均值的范围。

Criteria_range2, Criteria2, …：可选，附加的区域及其关联条件。

例 4：计算图 2-10 中化学专业女生英语平均分，将计算结果放在 G9 单元格中。

选择 G9 单元格，输入公式“=AVERAGEIFS(E2:E15,A2:A15,"化学",C2:C15,"女")”，按回车键，如图 2-13 所示。

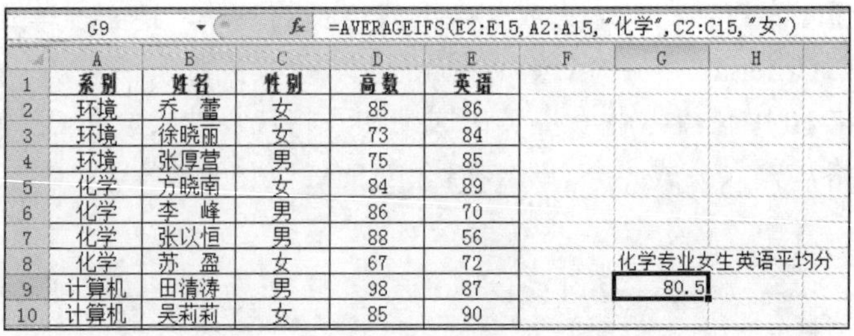

G9 =AVERAGEIFS(E2:E15,A2:A15,"化学",C2:C15,"女")

	A	B	C	D	E	F	G	H
1	系别	姓名	性别	高数	英语			
2	环境	乔　蕾	女	85	86			
3	环境	徐晓丽	女	73	84			
4	环境	张厚营	男	75	85			
5	化学	方晓南	女	84	89			
6	化学	李　峰	男	86	70			
7	化学	张以恒	男	88	56			
8	化学	苏　盈	女	67	72		化学专业女生英语平均分	
9	计算机	田清涛	男	98	87		80.5	
10	计算机	吴莉莉	女	85	90			

图 2-13　化学专业女生英语平均分

5. 条件计数函数

格式：COUNTIF(Range, Criteria)

功能：计算某个区域中满足给定条件的单元格数目。

参数介绍：

Range：必选，要计算其中非空单元格数目的区域。

Criteria：必选，以数字、表达式或文本形式定义的条件。

例 5：计算图 2-10 中英语成绩大于 85 分的人数，计算结果放在 F3 单元格中。

打开“高级函数.xlsx”中的 Sheet2 表，选择 F3 单元格，输入公式“=COUNTIF(E2:E15, ">85")”，按回车键，如图 2-14 所示。

6. 多条件计数函数

格式：COUNTIFS(Criteria_range1, Criteria1, [Criteria_range2, Criteria2]…)

功能：统计一组给定条件所指定的单元格数目。

Criteria_range1：必选，为特定条件计算的单元格区域。

Criteria1：必选，为数字、表达式或文本形式定义的条件，定义了单元格统计的范围。

Criteria_range2, Criteria2, …：可选，附加的区域及其关联条件。

例 6：计算图 2-10 中女生英语成绩大于 85 的人数，将计算结果放在 F5 单元格中。

选择 F5 单元格，输入公式 "=COUNTIFS(C2:C15,">85","女","E2:E15,">85")"，按回车键，如图 2-15 所示。

图 2-14 计算英语成绩大于 85 分的人数

图 2-15 计算女生中英语成绩大于 85 的人数

7. 统计非空单元格个数函数

格式：COUNTA(Value1, [Value2],…)

功能：计算区域中非空单元格的个数。

参数介绍：

Value1：必选，表示要计数的值的第一个参数，值可以是任意类型的信息。

Value2, …：可选，表示要计数的值的其他参数，最多可包含 255 个参数。

例 7：统计图 2-16 中每个人的缺勤次数，将计算结果放在 C19:H19 单元格中。

打开"高级函数.xlsx"中的 Sheet4 表，选择 C19 单元格，输入公式 "=COUNTA(C2:C18)"，按回车键，其余单元格利用填充柄计算，如图 2-16 所示。

图 2-16 统计每个人的缺勤次数

8. 统计空白单元格个数函数

格式：COUNTBLANK(Range)

功能：统计指定区域中空白单元格的个数。

参数介绍：

Range：要计算空单元格数目的区域。

例 8：统计图 2-17 中没有参加高数考试的人数，将计算结果放在 F8 单元格中。

打开“高级函数.xlsx”中的 Sheet3 表，选择 F8 单元格，输入公式“=COUNTBLANK(D2:D10)”，按回车键，如图 2-17 所示。

F8 =COUNTBLANK(D2:D10)

	A	B	C	D	E	F	G
1	系别	姓名	性别	高数	英语		
2	环境	乔　蕾	女	85	86		
3	环境	徐晓丽	女	73	84		
4	环境	张厚营	男		85		
5	化学	方晓南	女	84	89		
6	化学	李　峰	男	86	70		
7	化学	张以恒	男	88	56	没有参高数考试人数	
8	化学	苏　盈	女		72	2	
9	计算机	田清涛	男	98	87		
10	计算机	吴莉莉	女	85	90		

图 2-17　统计没有参加高数考试的人数

9. 求星期函数

格式：WEEKDAY(Serial_number,[Return_type])

功能：返回某日期为星期几，默认情况下，其值为 1～7 的整数。

参数介绍：

Serial_number：必选，一个序列号，代表尝试查找的那一天的日期。

Return_type：可选，用于确定返回值类型的数字，从星期日（=1）到星期六（=7），用 1；从星期一（=1）到星期日（=7），用 2；从星期一（=0）到星期日（=6），用 3。

10. CHOOSE 函数

格式：CHOOSE(Index_num, Value1, [Value2], ...)

功能：根据给定的索引值 Index_num，从最多 254 个参数串中选择一个。

参数介绍：

Index_num：必选，指定所选定的值参数。Index_num 必须为 1～254 的数字，或者为公式或对包含 1～254 某个数字的单元格的引用。

Index_num 为 1，函数 CHOOSE 返回 Value1；如果为 2，函数 CHOOSE 返回 Value2，以此类推。

Index_num 小于 1 或大于列表中最后一个值的序号，函数 CHOOSE 返回错误值#VALUE!。

Index_num 为小数，则在使用前将其截尾取整。

Value1, Value2, …：Value1 必选，后续值是可选的；这些值参数的个数介于 1～254，函数 CHOOSE 基于 Index_num 从这些值参数中选择一个数值或一项要执行的操作；参数可以为数字、单元格引用、已定义的名称、公式、函数或文本。

例 9：计算图 2-18 中缺勤的日期是星期几，将计算结果放在 B2:B18 单元格中。

打开"高级函数.xlsx"中的 sheet4 表，选择 B2 单元格，输入公式"=CHOOSE (WEEKDAY(A2,2),"星期一","星期二","星期三","星期四","星期五","星期六","星期日")"，按回车键，如图 2-18 所示。

	B2	▼	fx	=CHOOSE(WEEKDAY(A2,2),"星期一","星期二","星期三","星期四","星期五","星期六","星期日")							
	A	B	C	D	E	F	G	H	I	J	K	L
1	日期	星期几	王芳	孙浩	孙小梅	夏梅	张海滨	胡伟				
2	2017/3/1	星期三				缺勤						
3	2017/3/2	星期四	缺勤	缺勤			缺勤	缺勤				
4	2017/3/3	星期五			缺勤							
5	2017/3/6	星期一		缺勤								
6	2017/3/8	星期三										
7	2017/3/9	星期四				缺勤						
8	2017/3/10	星期五	缺勤									
9	2017/3/13	星期一										
10	2017/3/14	星期二						缺勤				
11	2017/3/15	星期三		缺勤				缺勤				
12	2017/3/16	星期四				缺勤						
13	2017/3/17	星期五		缺勤								
14	2017/3/20	星期一										
15	2017/3/21	星期二	缺勤									
16	2017/3/22	星期三			缺勤							
17	2017/3/24	星期五				缺勤						
18	2017/3/28	星期二										
19	统计缺勤次数		3	4	2	3	2	3				

图 2-18　给定日期求星期几

11．Value 函数

格式：Value(Text)

功能：将文本数据转换为数值数据。

参数介绍：

Text：必选，指定需要转换成数值格式的文本。

12．左侧截取字符串函数

格式：Left(Text,[num_chars])

功能：从文本字符串最左边开始返回指定个数的字符，也就是最前面的一个或几个字符。

参数介绍：

Text：必选，包含要提取字符的文本字符串。

num_chars：可选，指定要提取的字符数量，若省略则默认值为 1。

13．右侧截取字符串函数

格式：Right(Text,[Num_chars])

功能：从文本字符串最右边开始返回指定个数的字符，也就是最后面的一个或几个字符。

参数介绍：

Text：必选，包含要提取字符的文本字符串。

Num_chars：可选，指定要提取的字符数量，若省略则默认值为 1。

14．垂直查询函数

格式：VLOOKUP(Lookup_value, Table_array, Col_index_num, [Range_lookup])

功能：搜索指定单元格区域的第一列，然后返回该区域相同行上任何指定单元格中的值。

参数介绍：

Lookup_value：必选，要查找的值。

Table_array：必选，查找的区域。

Col_index_num：必选，返回查找值在查找区域中所在列值。

Range_lookup：可选，指查找模式。为 0 或 False，表示精确匹配；为 1 或者 True，表示模糊匹配。

例 10：利用 VLOOKUP 函数从身份证号码中计算省份。

打开"高级函数.xlsx"中的 sheet5 表，选择 B2 单元格，输入公式"=VLOOKUP(VALUE(LEFT(A2,2)),$G$3:$H$30,2,0)"按回车键，如图 2-19 所示。

图 2-19　从身份证号码中计算省份

15. 排位函数

格式：Rank.eq(Number,[Order]) 和 Rank.avg(Number,Ref,[Order])

功能：返回一个数值在指定数值列表中的排位。

参数介绍：

Number：必选，要确定排位的数值。

Ref：必选，要查找的数值列表所在的位置。

Order：可选，指定数值列表的排序方式，若 Order 为 0 或忽略，对数值的排位就会基于 Ref 是按照坚固排序的列表；若 Order 不为 0，对数值的排位就会基于 Ref 是按照升序排列的列表。

16. 字符个数函数

格式：Len(Text)

功能：统计并返回指定文本字符串中的字符个数。

17. 删除空格函数

格式：Trim(Text)

功能：删除指定文本或区域中的空格。

2.1.5　根据身份证号求出员工相关信息

打开"根据身份证号求员工相关信息.xlsx"文件，如图 2-20 所示，根据身份证数据求出员工的相关信息。

图 2-20　根据身份证数据求出员工的相关信息

1. 计算求出性别

身份证号的倒数第二位如果是奇数，则为男性，否则为女性。选择 D2 单元格，输入公式"= IF(MOD(MID(C2,17,1),2)=0,"女","男")，按回车键，其余单元格利用填充柄自动填充。效果如图 2-21 所示。

| D2 | | ▼ | fx | = IF(MOD(MID(C2,17,1),2)=0,"女","男") |

	A	B	C	D	E	F	G	H	I	J	K
1	序号	姓名	身份证号	性别	出生年	出生月	出生日	出生日期	年龄1	年龄2	省份
2	1	安琳淼	210105196809244389	女							
3	2	陈梦晓	210105195912185300	女							
4	3	丁新欣	210105196106130617	男							

图 2-21　计算性别后的效果

2. 计算出生日期

（1）计算出生年份。身份证号的第 7 位到 10 位为出生年份。选择 E2 单元格，输入公式"= MID(C2,7,4)"，按回车键，其余单元格利用填充柄自动填充。效果如图 2-22 所示。

| E2 | | ▼ | fx | = MID(C2,7,4) |

	A	B	C	D	E	F	G	H	I	J	K
1	序号	姓名	身份证号	性别	出生年	出生月	出生日	出生日期	年龄1	年龄2	省份
2	1	安琳淼	210105196809244389	女	1968						
3	2	陈梦晓	210105195912185300	女	1959						
4	3	丁新欣	210105196106130617	男	1961						

图 2-22　计算出生年份后的效果

（2）计算出生月份。身份证号的第 11、12 位为出生月份。选择 F2 单元格，输入公式"= MID(C2,11,2)"，按回车键，其余单元格利用填充柄自动填充。效果如图 2-23 所示。

| F2 | | ▼ | fx | =MID(C2,11,2) |

	A	B	C	D	E	F	G	H	I	J	K
1	序号	姓名	身份证号	性别	出生年	出生月	出生日	出生日期	年龄1	年龄2	省份
2	1	安琳淼	210105196809244389	女	1968	09					
3	2	陈梦晓	210105195912185300	女	1959	12					
4	3	丁新欣	210105196106130617	男	1961	06					

图 2-23　计算出生月份后的效果

（3）计算出生日。身份证号的第 13、14 位为出生日。选择 G2 单元格，输入公式"= MID(C2,13,2)"，按回车键，其余单元格利用填充柄自动填充。效果如图 2-24 所示。

| G2 | | ▼ | fx | =MID(C2,13,2) |

	A	B	C	D	E	F	G	H	I	J	K
1	序号	姓名	身份证号	性别	出生年	出生月	出生日	出生日期	年龄1	年龄2	省份
2	1	安琳淼	210105196809244389	女	1968	09	24				
3	2	陈梦晓	210105195912185300	女	1959	12	18				
4	3	丁新欣	210105196106130617	男	1961	06	13				

图 2-24　计算出生日后的效果

（4）计算出生年月日。身份证号的第 7~14 位为出生年月日。选择 H2 单元格，输入公式"= MID(C2,7,4)&"/"&MID(C2,11,2)&"/"&MID(C2,13,2)"，按回车键，其余单元格利用填充柄自动填充。效果如图 2-25 所示。也可以利用 E、F、G 列的结果计算出生日期，选择 H2 单元格，输入公式"=E2&"/"&F2&"/"&G2"，显示的效果一样。

3. 计算年龄方法 1

第一种计算年龄的方法：用今天日期的年值减去出生日期的年值。

选择 I2 单元格，输入公式"=YEAR(TODAY())-YEAR(H2)"，按回车键，其余单元格利用填充柄自动填充，如图 2-26 所示。

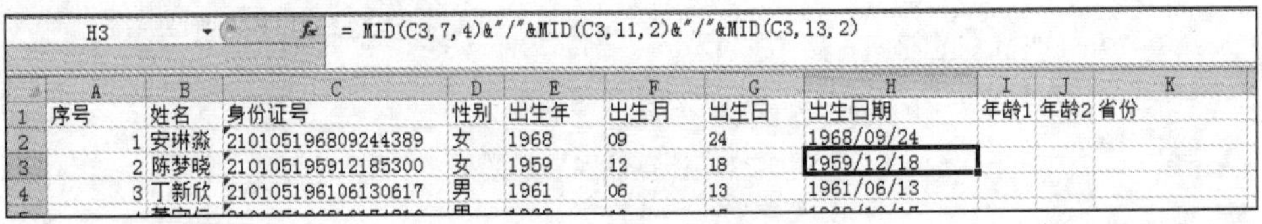

	A	B	C	D	E	F	G	H	I	J	K
	序号	姓名	身份证号	性别	出生年	出生月	出生日	出生日期	年龄1	年龄2	省份
2	1	安琳淼	210105196809244389	女	1968	09	24	1968/09/24			
3	2	陈梦晓	210105195912185300	女	1959	12	18	1959/12/18			
4	3	丁新欣	210105196106130617	男	1961	06	13	1961/06/13			

H3 = MID(C3,7,4)&"/"&MID(C3,11,2)&"/"&MID(C3,13,2)

图 2-25　计算出生日期后效果

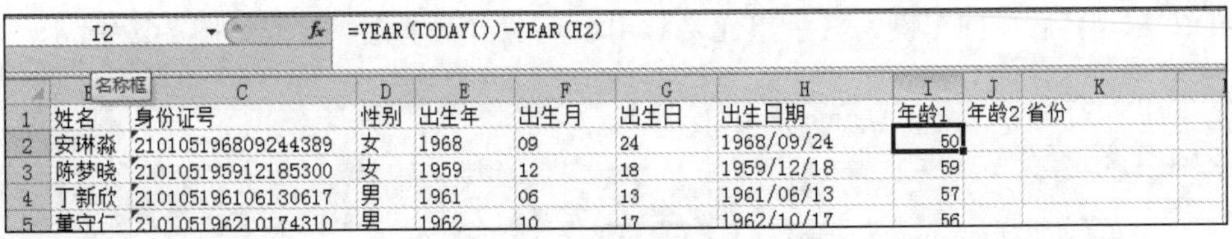

I2 =YEAR(TODAY())-YEAR(H2)

	姓名	身份证号	性别	出生年	出生月	出生日	出生日期	年龄1	年龄2	省份
2	安琳淼	210105196809244389	女	1968	09	24	1968/09/24	50		
3	陈梦晓	210105195912185300	女	1959	12	18	1959/12/18	59		
4	丁新欣	210105196106130617	男	1961	06	13	1961/06/13	57		
5	董守仁	210105196210174310	男	1962	10	17	1962/10/17			

图 2-26　计算年龄方法 1

4. 计算年龄方法 2

第二种计算年龄的方法：从出生日期到今天日期，计算满年的数量。选择 J2 单元格，输入公式 "=DATEDIF(H2,TODAY(),"y")"，按回车键，其余单元格利用填充柄自动填充，如图 2-27 所示。

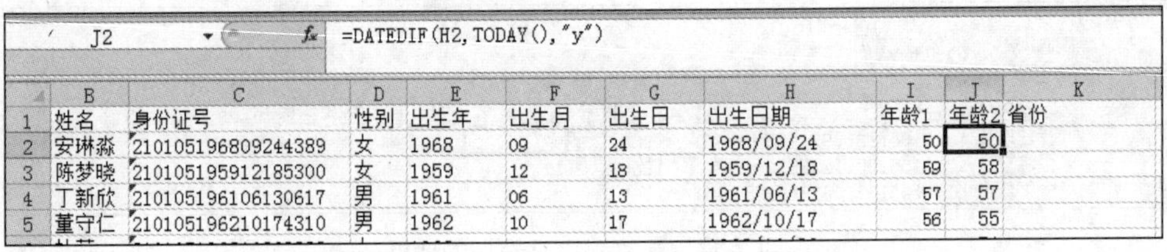

J2 =DATEDIF(H2,TODAY(),"y")

	B	C	D	E	F	G	H	I	J	K
1	姓名	身份证号	性别	出生年	出生月	出生日	出生日期	年龄1	年龄2	省份
2	安琳淼	210105196809244389	女	1968	09	24	1968/09/24	50	50	
3	陈梦晓	210105195912185300	女	1959	12	18	1959/12/18	59	58	
4	丁新欣	210105196106130617	男	1961	06	13	1961/06/13	57	57	
5	董守仁	210105196210174310	男	1962	10	17	1962/10/17	56	55	

图 2-27　计算年龄方法 2

注意：对于两种计算年龄的方法，在个别年龄中第一种计算方法比第二种计算方法多出 1 岁，原因是第二种计算方法是按照满年的计算的。

5. 计算求出省份

身份证号的前两位为省份代码，对照代码表在 sheet2 中。首先利用 LEFT 函数求出 C2 单元格中的前两位；再利用 Value 函数将其转换为数值；最后利用 VLOOKUP 函数在 Sheet2 表中查找对应的省份。选择 K2 单元格，输入公式 "=VLOOKUP(VALUE(LEFT(C2,2)),Sheet2!$C$1:$D$29,2)"，按回车键，其余单元格利用填充柄自动填充，如图 2-28 所示。

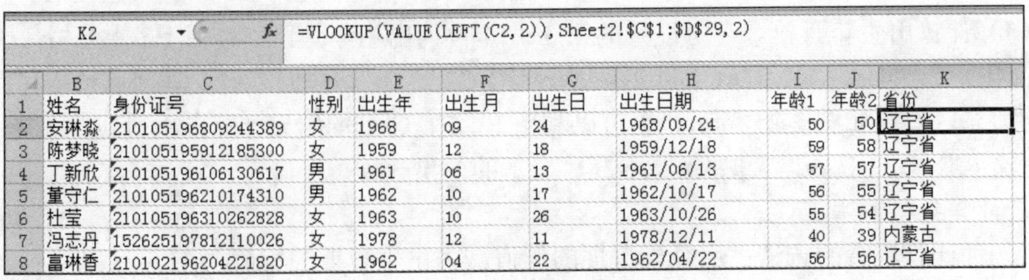

K2 =VLOOKUP(VALUE(LEFT(C2,2)),Sheet2!$C$1:$D$29,2)

	B	C	D	E	F	G	H	I	J	K
1	姓名	身份证号	性别	出生年	出生月	出生日	出生日期	年龄1	年龄2	省份
2	安琳淼	210105196809244389	女	1968	09	24	1968/09/24	50	50	辽宁省
3	陈梦晓	210105195912185300	女	1959	12	18	1959/12/18	59	58	辽宁省
4	丁新欣	210105196106130617	男	1961	06	13	1961/06/13	57	57	辽宁省
5	董守仁	210105196210174310	男	1962	10	17	1962/10/17	56	55	辽宁省
6	杜莹	210105196310262828	女	1963	10	26	1963/10/26	55	54	辽宁省
7	冯志丹	152625197812110026	女	1978	12	11	1978/12/11	40	39	内蒙古
8	富琳香	210102196204221820	女	1962	04	22	1962/04/22	56	56	辽宁省

图 2-28　计算省份后的效果

2.2　平时成绩的计算

在实际应用中，要处理的数据量大而复杂，往往需要很多张表格才能把相关的信息反映出来，如何对这些表格进行分析，找出数据之间的联系，是必须要做的工作。

平时成绩的统计包含 5 个表，采用 Excel 进行快速计算，得出每个人的平时成绩。要求如下：

（1）平时成绩总分 40 分，由作业（平时）、出勤、期中考试、综合作业 4 部分组成，每部分 10 分。

（2）在"作业"表中，收集了 8 次作业，每次分数满分 5 分，共 40 分，除以 4 后折合为满分 10 分，四舍五入到整数。

（3）在"期中考试"表中，测验 30 分以上（含）的折算为 10 分，25～29 分的折算为 9 分，20～24 分的折算为 8 分，20 分以下的折算为 7 分。

（4）在"出勤"表中，病事假 1 次不扣分，2 次扣 1 分，3 次扣 2 分；旷课 1 次扣 3 分。

（5）"综合作业"表中的分数已经给出。

（6）根据以上 4 个表，计算每个同学的平时成绩并将结果放在"计算平时成绩"表中。

1．利用 SUM 和 ROUND 函数计算"作业分数"

打开"平时成绩统计.xlsx"中的"作业"表。利用 SUM 和 ROUND 函数计算"作业分数"，结果存放到 M 列中，如图 2-29 所示。

图 平时成绩统计.xlsx												
A	B	C	D	E	F	G	H	I	J	K	L	M
序号	学号	姓名	专业名称	第1次作业	第2次作业	第3次作业	第4次作业	第5次作业	第6次作业	第7次作业	第8次作业	作业分数
1	13014005	马维萌	环境科学	5	5	5	5	5	4	5	5	
2	13014014	李名扬	环境科学	5	4	5	5	5	5	5	5	
3	13014024	杨婧潇	环境科学	5	5	5	5	5	5	5	5	
4	13014025	于夏婷	环境科学	5	4	5	5	5	5	5	4	
5	13014028	夏昀地	环境科学	5	5	5	5	5	5	5	5	
6	13014030	宋业禄	环境科学	5	5	5	4	5	5	5	5	
7	13105001	李王雁	食品科学与工程	5	5	5	2	5	5	5	5	
8	13105002	王朝坤	食品科学与工程	5	5	5	5	5	5	5	5	
9	13105003	湛伊花	食品科学与工程	5	5	5	5	5	5	5	5	

作业／期中考试／出勤／综合作业／计算平时成绩

图 2-29　计算作业分数

在"作业"表中，选取 M2 单元格，输入计算公式"=ROUND(SUM(E2:L2)/4,0)"，如图 2-30 所示，按回车键。该公式的含义是：求 E2 到 L2 单元格数据的和，除以 4，四舍五入取整。选取 M2 单元格，鼠标移动到填充柄"✚"处，双击填充柄，填充至单元格 M115（最后一名学生）单元格。（提示：若数据不多情况下，可以使用填充柄向下拖拽至 M115 单元格方式），填充后结果如图 2-31 所示。

f_x　=ROUND(SUM(E2:L2)/4,0)

图 2-30　计算公式

2．利用 IF 函数计算每个学生的期中考试成绩

如图 2-32 所示，在"期中考试"表中单击 F2 单元格，输入计算公式"=IF(E2>=30,10, IF(E2>=25,9,IF(E2>=20,8,7)))"，按回车键。该公式的含义：当该学生的期中考试成绩>=30 分，

折算后成绩为 10 分；当该学生的期中考试成绩>=25 分并且<30 分时，折算后成绩为 9 分；当该学生的期中考试成绩>=20 分并且<25 分时，折算后成绩为 8 分；当该学生的期中考试成绩<20 分，折算后的成绩为 7 分。最后，选取 F2 单元格，鼠标移动到填充柄"✚"处，双击填充柄，填充至 F115 单元格，填充后的效果如图 2-33 所示。

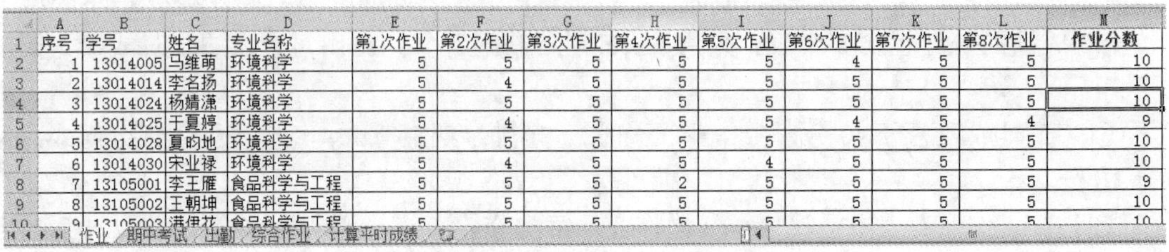

图 2-31 计算作业分数后的效果

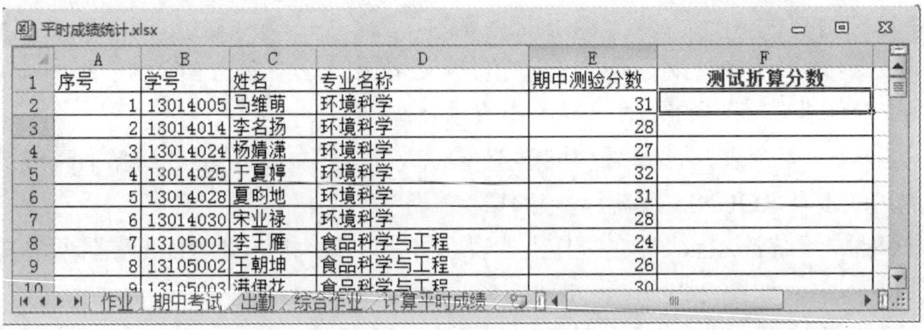

图 2-32 计算期中考试成绩

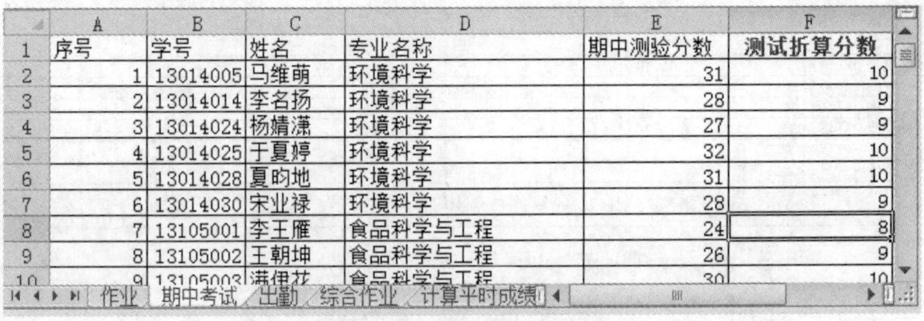

图 2-33 计算期中成绩后的效果

3. 利用 COUNTIF 和 IF 函数计算出勤成绩

首先要分别计算出旷课次数和病事假次数，然后计算出出勤成绩，如图 2-34 所示。

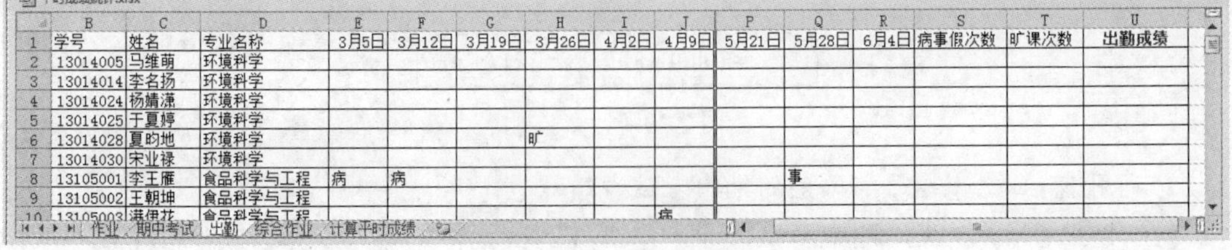

图 2-34 计算出勤成绩

（1）求旷课次数。在"出勤"表中选取 T2 单元格，单击"公式"选项卡下的"函数库"组中的"插入函数"按钮，系统弹出如图 2-35 所示的"插入函数"对话框。在"或选择类别"下拉列表中选择"统计"项，在"选择函数"列表中选择 COUNTIF，单击"确定"按钮，系统弹出"函数参数"对话框，如图 2-36 所示。

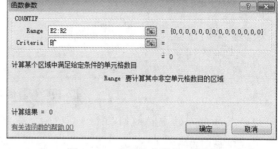

图 2-35　"插入函数"对话框　　　　　图 2-36　"函数参数"对话框

在 Range 输入框中输入"E2:R2"，在 Criteria 输入框中输入"旷"，单击"确定"按钮后将在单元格中显示计算结果。此时在编辑栏显示"=COUNTIF(E2:R2,"旷")"，该公式的含义是在 E2:R2 单元格区域中计算"旷"（旷课）的次数。用填充柄向下进行填充至 T115 单元格，填充后的效果如图 2-37 所示。

	B	C	D	E	F	G	H	I	J	P	Q	R	S	T	U
1	学号	姓名	专业名称	3月5日	3月12日	3月19日	3月26日	4月2日	4月9日	5月21日	5月28日	6月4日	病事假次数	旷课次数	出勤成绩
2	13014005	马维萌	环境科学											0	
3	13014014	李名扬	环境科学											0	
4	13014024	杨婧潇	环境科学											0	
5	13014025	于夏婷	环境科学											0	
6	13014028	夏昀地	环境科学				旷							1	
7	13014030	宋业禄	环境科学											0	
8	13105001	李王雁	食品科学与工程	病	病					事				0	
9	13105002	王朝坤	食品科学与工程											0	

图 2-37　计算旷课次数后的效果

（2）求病事假次数。在"出勤"表中选取 S2 单元格，输入计算公式"=COUNTIF(E2:R2,"病")+COUNTIF(E2:R2,"事")"，按回车键。该公式的含义："COUNTIF(E2:R2,"病")"计算病假的次数；"COUNTIF(E2:R2,"事")"计算事假的次数；最后将两个部分进行求和，计算出病假和事假的总次数。用填充柄进行向下填充至 S115 单元格，效果如图 2-38 所示。

	B	C	D	E	F	G	H	I	J	P	Q	R	S	T	U
1	学号	姓名	专业名称	3月5日	3月12日	3月19日	3月26日	4月2日	4月9日	5月21日	5月28日	6月4日	病事假次数	旷课次数	出勤成绩
2	13014005	马维萌	环境科学										0	0	
3	13014014	李名扬	环境科学										0	0	
4	13014024	杨婧潇	环境科学										0	0	
5	13014025	于夏婷	环境科学										0	0	
6	13014028	夏昀地	环境科学				旷						0	1	
7	13014030	宋业禄	环境科学										0	0	
8	13105001	李王雁	食品科学与工程	病	病					事			3	0	
9	13105002	王朝坤	食品科学与工程											0	

图 2-38　计算病假和事假次数和之后的效果

（3）求出勤成绩。在"出勤"表中选取 U2 单元格，输入计算公式"=10-T2*3-IF(S2>=3,

2,IF(S2>=2,1,0))"，按回车键。该公式的含义：T2*3 表示旷课所扣分数；IF(S2>=3,2,IF(S2>=2,1,0)) 表示病事假所扣的分数。10 减去旷课所扣分数 T2*3，再减去病事假所扣分数 IF(S2>=3,2,IF(S2>=2,1,0))，得出该学生最后出勤分数。双击填充柄，填充至 U115 单元格，效果如图 2-39 所示。

	B	C	D	E	F	G	H	I	J	P	Q	R	S	T	U
1	学号	姓名	专业名称	3月5日	3月12日	3月19日	3月26日	4月2日	4月9日	5月21日	5月28日	6月4日	病事假次数	旷课次数	出勤成绩
2	13014005	马维萌	环境科学										0	0	10
3	13014014	李名扬	环境科学										0	0	10
4	13014024	杨靖潇	环境科学										0	0	10
5	13014025	于夏婷	环境科学										0	0	10
6	13014028	夏昀地	环境科学				旷						0	1	7
7	13014030	宋业禄	环境科学										0	0	10
8	13105001	李王雁	食品科学与工程	病	病						事		3	0	8
9	13105002	王朝坤	食品科学与工程										0	0	10
10	13105003	满伊花	食品科学与工程					病					1	0	10
11	13105005	高同辉	食品科学与工程	病		事							2	0	9
12	13105006	康静文	食品科学与工程										0	0	10

作业　期中考试　出勤　综合作业　计算平时成绩

图 2-39　计算出勤成绩的效果

4. 求每个人的平时成绩

平时成绩统计表中的 5 个表：作业、期中考试、出勤、综合作业和计算平时成绩，这些表中学号、姓名列的排列顺序一样，所以计算每个人的平时成绩可以直接用对应单元格的值求和即可。

在"计算平时成绩"表中，选择 E2 单元格，输入"="；然后选择"作业"表中的 M2 单元格，单击+号；接着选择"期中考试"表中的 F2 单元格，单击+号；再选择"出勤"表中的 U2 单元格，单击+号；最后选择"综合作业"表中的 E2 单元格，按回车键。编辑栏中的公式如图 2-40 所示。计算平时成绩后的效果如图 2-41 所示。

平时成绩统计.xlsx

	A	B	C	D	E
1	序号	学号	姓名	专业名称	平时成绩
2	1	13014005	马维萌	环境科学	40
3	2	13014014	李名扬	环境科学	38
4	3	13014024	杨靖潇	环境科学	39
5	4	13014025	于夏婷	环境科学	39
6	5	13014028	夏昀地	环境科学	35
7	6	13014030	宋业禄	环境科学	39
8	7	13105001	李王雁	食品科学与工程	33
9	8	13105002	王朝坤	食品科学与工程	39
10	9	13105003	满伊花	食品科学与工程	39
11	10	13105005	高同辉	食品科学与工程	38
12	11	13105006	康静文	食品科学与工程	38
13	12	13105007	徐雨宏	食品科学与工程	37
14	13	13105008	孙欣言	食品科学与工程	38
15	14	13105009	赵黄普	食品科学与工程	39

作业　期中考试　出勤　综合作业　计算平时成绩

fx　=作业!M2+期中考试!F2+出勤!U2+综合作业!E2

图 2-40　计算平时成绩公式　　　　　　图 2-41　计算平时成绩后的效果

扫码看视频

2.3　万年历的制作

使用 Excel 软件制作万年历，可以随心所欲地查询任何日期所属的年和月，如图 2-42 所示。下面介绍如何用 Excel 的函数功能来制作万年历。

	今天是	2018/8/16		星期	四		时间是	17:07:37

星期日	星期一	星期二	星期三	星期四	星期五	星期六
0	1	2	3	4	5	6
7	8	9	10	11	12	13
14	15	16	17	18	19	20
21	22	23	24	25	26	27
28	29	30	0	0	0	0

查询年月　　　2009　　年　　　　　　6　　　　　　月

图 2-42　万年历

2.3.1　万年历基本数据

在 Sheet1 工作表中，根据需要输入制作万年历的基本数据，如图 2-43 所示。

	今天是			星期			时间是	
		7	1	2	3		4	5	6
星期日	星期一	星期二	星期三	星期四	星期五		星期六	
查询年月			年		月			

图 2-43　万年历基本数据信息

1. 设置当前日期、星期、时间

（1）设置日期。选择 C1 单元格，输入公式"=TODAY()"，按回车键。选择 C1 和 D1 单元格，单击"合并后居中"按钮，对选择区域进行合并。右键单击 C1 单元格，在弹出的快捷菜单中选择"设置单元格格式"命令，如图 2-44 所示，弹出"设置单元格格式"对话框。在"设置单元格格式"对话框中选择"数字"选项卡中的"日期"选项，设置日期格式，如图 2-45 所示。

图 2-44　快捷菜单

图 2-45　设置日期格式

（2）设置星期。选择 F1 单元格，输入公式"=IF(WEEKDAY(C1,2)=7,"日",WEEKDAY (C1,2))"，按回车键。选择 F1 单元格，设置如图 2-46 所示的格式。

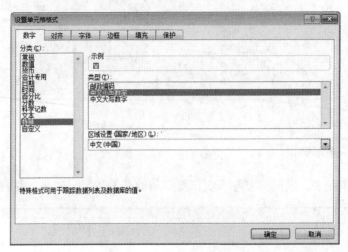

图 2-46　设置星期格式

（3）设置时间。选择 H1 单元格，输入公式"=NOW()"，按回车键。选择 H1 单元格，设置如图 2-47 所示的时间格式。设置后的效果如图 2-48 所示。

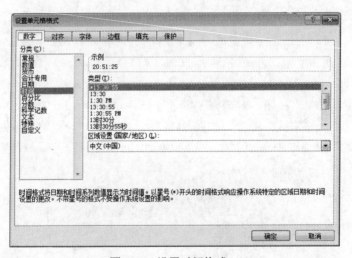

图 2-47　设置时间格式。

图 2-48　设置日期、星期、时间后的效果

2. 设置年、月序列

选择 Sheet2 工作表，在 A1 单元格输入"年份"，选择 A2 单元格，输入"1900"，按回车键，确认输入。重新选择 A2 单元格，单击"开始"选项卡下的"编辑"组中的"填充"按钮，在弹出的下拉列表中选择"系列"命令，如图 2-49 所示，弹出"序列"对话框，如图 2-50 所

示。设置序列产生在为"列"，类型为"等差序列"，步长值为 1，终止值为 2050，单击"确定"按钮，产生 1900～2050 的序列。

图 2-49　"填充"下拉列表　　　　　　　　图 2-50　"序列"对话框

用同样的方法在 B1 单元格输入"月份"，从 B2 单元格开始产生 1～12 的序列，设置后的效果如图 2-51 所示。

	A	B
1	年份	月份
2	1900	1
3	1901	2
4	1902	3
5	1903	4
6	1904	5
7	1905	6
8	1906	7
9	1907	8
10	1908	9
11	1909	10
12	1910	11
13	1911	12
14	1912	
15	1913	

图 2-51　设置序列后的效果

3. 利用数据有效性设置年、月查询列表

回到 Sheet1 工作表设置年查询列表。选择 D13 单元格，单击"数据"选项卡下的"数据工具"组中的"数据有效性"按钮，在弹出的下拉列表中选择"数据有效性"命令，如图 2-52 所示，在弹出的"数据有效性"对话框中设置有效性条件，如图 2-53 所示，允许为"序列"，来源为"=Sheet2!$A$2:$A$152"，单击"确定"按钮。

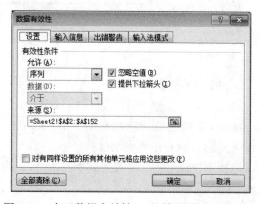

图 2-52　"数据有效性"按钮的下拉列表　　　图 2-53　在"数据有效性"对话框设置年查询列表

用同样方法设置月查询列表，如图 2-54 所示。

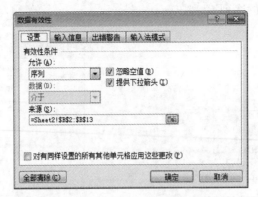

图 2-54 在"数据有效性"对话框设置月查询列表

设置后效果如图 2-55 所示。

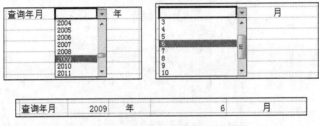

图 2-55 设置数据有效性后的效果

4. 计算要查询月的天数、星期值

计算要查询月的天数：选择 A3 单元格，输入公式"=DAY(EOMONTH(DATE(D13,F13,1),0))"，按回车键。

计算星期值：选择 B3 单元格，输入公式"=IF(WEEKDAY(DATE($D$13,$F$13,1),2)=B4,1,0)"，单击回车键；选择 B3 单元格，鼠标移动到 B3 单元格填充柄，向右拖拽至 H3 单元格，计算后的效果如图 2-56 所示。

图 2-56 计算星期值后的效果

5. 制作万年历

选择 B6 单元格，输入公式"=IF(B3=1,1,0)"，按回车键。

选择 C6 单元格，输入公式"=IF(B6>0,B6+1,IF(C3=1,1,0))"，按回车键；选择 C6 单元格，单击填充柄，向右拖拽到 H6 单元格。

选择 B7 单元格，输入公式"=H6+1"，按回车键；选择 B7 单元格，单击填充柄，向下拖拽到 B9 单元格。

选择 C7 单元格，输入公式"=B7+1"，按回车键；选择 C7 单元格，单击填充柄，拖拽到

H7 单元格。

选择 C7:H7 单元格区域，拖拽填充柄到 H9 单元格。

选择 B10 单元格，输入公式 "=IF(H9>=$A$3,0,H9+1)"，按回车键。

选择 C10 单元格，输入公式 "=IF(B10>=$A$3,0,IF(B10>0,B10+1,IF(C6=1,1,0)))"，按回车键；选择 C10 单元格，单击填充柄，拖拽到 H10 单元格。

选择 B11 单元格，输入公式 "=IF(OR(H10>=$A$3, H10=0),0,H10+1)"，按回车键。

选择 C11 单元格，输入公式 "=IF(B11>=$A$3,0,IF(B11>0,B11+1,IF(C7=1,1,0)))"，按回车键，复制 C11 单元格公式到 D11 单元格。

设置后效果如图 2-57 所示。

	A	B	C	D	E	F	G	H
1		今天是	2018年8月16日		星期	四	时间是	23:49:57
2								
3	31	0	0	0	0	0	0	1
4		7	1	2	3	4	5	6
5		星期日	星期一		星期二	星期三	星期四	星期五	星期六
6		0	0	0	0	0	0	1
7		2	3	4	5	6	7	8
8		9	10	11	12	13	14	15
9		16	17	18	19	20	21	22
10		23	24	25	26	27	28	29
11		30	31					
12								
13			查询年月	1993	年	5	月	

图 2-57　万年历设置完成的预览效果

2.3.2　格式化万年历

1．隐藏辅助的数据行

选择第 3、4 行，单击鼠标右键，弹出如图 2-58 所示的快捷菜单，选择 "隐藏" 命令，第 3、4 行被隐藏起来。

图 2-58　快捷菜单－隐藏辅助数据

2．格式化单元格

选择 B1:H1 单元格区域，设置字体为 "微软雅黑"，14 号字，居中对齐。

美化万年历：选择 B5:H11 单元格区域，居中对齐，添加内外边框线；选择 B5:B11 和 H5:H11 单元格区域，设置字体颜色为红色；选择 C13:G13 单元格，设置居中对齐；选择 D13 和 F13 单元格，设置底纹颜色为黄色。

添加背景图片：单击"页面布局"选项卡下的"页面设置"组中的"背景"按钮，弹出如图 2-59 所示的"工作表背景"对话框，选择需要的背景图片，单击"插入"按钮。

图 2-59　选择背景图片

2.4　员工工资条的制作

2.4.1　制作工资表

1. 计算员工工龄

打开"员工工资表.xlsx"文件，选择"员工基本信息表"中的 G3 单元格，输入公式"=INT((TODAY()-D3)/365)"，如图 2-60 所示，单击"确定"按钮，完成计算。选择 G3 单元格，双击填充柄，将公式向下填充到其他单元格。

G3			fx =INT((TODAY()-D3)/365)			
	A	B	C	D	E	F	G
1	员工基本信息表						
2	员工工资号	姓名	出生日期	入职日期	职称	部门	工龄
3	gz001	陈瑶	1988/3/16	2005/6/1	工程师	行政部	13
4	gz002	陈刚	1989/3/16	2001/8/24	助工	采购部	17
5	gz003	陈伟伟	1988/6/23	2003/7/15	助工	行政部	15
6	gz004	陈小烁	1990/12/3	2005/5/21	高级工程师	行政部	13
7	gz005	崔宁	1989/11/24	2006/4/13	工程师	财务部	12
8	gz006	丁明禹	1988/3/25	2005/6/8	工程师	行政部	13
9	gz007	郭爱芳	1986/5/16	2001/4/19	高级工程师	销售部	17

图 2-60　计算工龄

2. 计算工龄工资

工龄工资以每年 100 元为标准。选择"员工工资明细表"中的 F3 单元格，输入公式"=VLOOKUP($A3,员工基本信息表!$A$1:$H$34,7,FALSE)*100"，单击"确定"按钮，完成计算。选择 F3 单元格，双击填充柄，将公式向下填充到其他单元格，如图 2-61 所示。

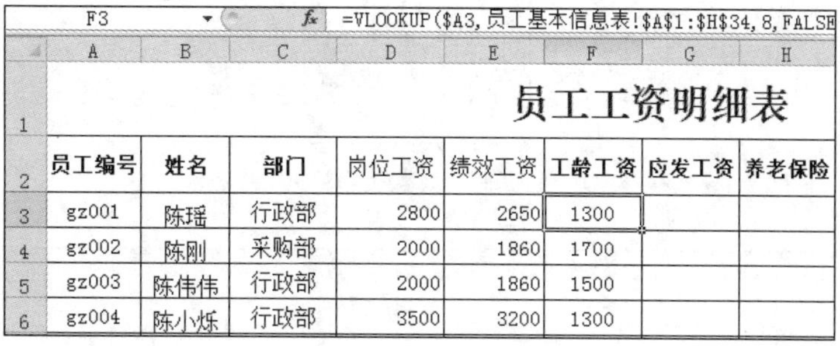

图 2-61　计算工龄工资

3. 计算应发工资

应发工资等于岗位工资、绩效工资和工龄工资之和。选择"员工工资明细表"中的 G3 单元格，输入公式"=D3+E3+F3"，单击"确定"按钮，完成计算。选择 G3 单元格，双击填充柄，将公式向下填充到其他单元格，如图 2-62 所示。

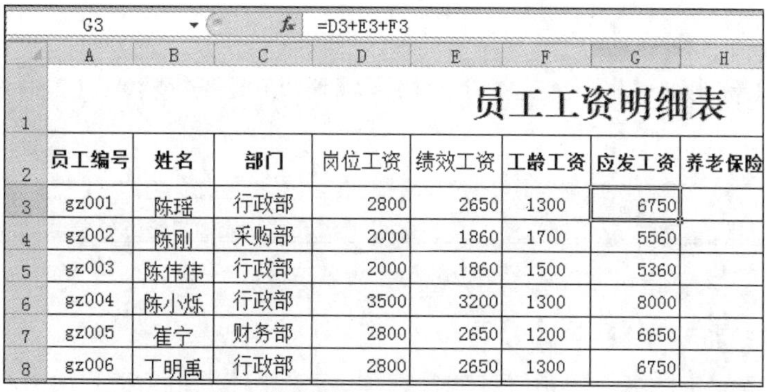

图 2-62　计算应发工资

4. 计算养老保险、医疗保险和失业保险

养老保险计算方法为岗位工资的 8%，医疗保险为岗位工资的 2%，失业保险为岗位工资的 1%。

选择 H3 单元格，输入养老保险公式"=ROUND(D3*8%,2)"，单击"确定"按钮，完成计算；选择 H3 单元格，双击填充柄，将公式向下填充到其他单元格。

选择 I3 单元格，输入医疗保险公式"=ROUND(D3*2%,2)"，单击"确定"按钮，完成计算；选择 I3 单元格，双击填充柄，将公式向下填充到其他单元格。

选择 J3 单元格，输入失业保险公式"=ROUND(D3*1%,2)"，单击"确定"按钮，完成计算；选择 J3 单元格，双击填充柄，将公式向下填充到其他单元格。

5. 计算实发工资

选择 L3 单元格输入公式"=G3-H3-I3-J3-K3-K3"，单击"确定"按钮，完成计算；选择 L3 单元格，双击填充柄，将公式向下填充到其他单元格。

6. 设置数字格式

选择 D3:L34 单元格区域，单击"开始"选项卡下的"设置"组中的"会计数字格式"按钮，如图 2-63 所示，设置为货币样式，设置后效果如图 2-64 所示。

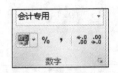

图 2-63　设置货币样式

	A	B	C	D	E	F	G	H	I	J	K	L
1	员工工资明细表											
2	员工编号	姓名	部门	岗位工资	绩效工资	工龄工资	应发工资	养老保险	医疗保险	失业保险	应扣所得税	实发工资
3	gz001	陈瑶	行政部	¥ 2,800.00	¥ 2,650.00	¥ 1,300.00	¥ 6,750.00	¥ 224.00	¥56.00	¥28.00	¥ 220.00	¥ 6,002.00
4	gz002	陈刚	采购部	¥ 2,000.00	¥ 1,860.00	¥ 1,700.00	¥ 5,560.00	¥ 160.00	¥40.00	¥20.00	¥ 101.00	¥ 5,138.00
5	gz003	陈伟伟	行政部	¥ 2,000.00	¥ 1,860.00	¥ 1,500.00	¥ 5,360.00	¥ 160.00	¥40.00	¥20.00	¥ 81.00	¥ 4,978.00

图 2-64　设置货币样式后的效果

2.4.2　制作工资条

1. 创建工资条表格

复制“员工工资明细表”中 A2:L2 单元格区域到“工资条”表 A2:L2 单元格中，如图 2-65 所示。

	A	B	C	D	E	F	G	H	I	J	K	L
1												
2	员工工资号	姓名	部门	岗位工资	绩效工资	工龄工资	应发工资	养老保险	医疗保险	失业保险	应扣所得税	实发工资

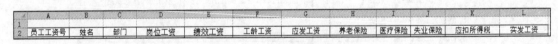

图 2-65　工资条表格

2. 添加表格边框

选择 A2:L3 单元格区域，单击“开始”选项卡，“字体”组中的“所有框线”按钮，如图 2-66 所示，添加表格边框。添加后效果如图 2-67 所示。

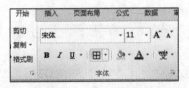

图 2-66　添加表格边框

	A	B	C	D	E	F	G	H	I	J	K	L
1												
2	员工工资号	姓名	部门	岗位工资	绩效工资	工龄工资	应发工资	养老保险	医疗保险	失业保险	应扣所得税	实发工资
3												

图 2-67　添加边框后的效果

3. 制作工资条

选择 A3 单元格，输入公式“=OFFSET(员工工资明细表!$A$1,ROW()/3+1,COLUMN()-1)”，单击“确定”按钮，完成计算；选择 A3 单元格，向右拖拽填充柄，将公式填充到 L3 单元格。

4. 复制公式

选择 A1:L3 单元格区域，将鼠标移动到填充柄处，向下拖拽填充柄，完成全部工资条的制作，效果如图 2-68 所示。

	A	B	C	D	E	F	G	H	I	J	K	L
1												
2	员工工资号	姓名	部门	岗位工资	绩效工资	工龄工资	应发工资	养老保险	医疗保险	失业保险	应扣所得税	实发工资
3	gz001	陈瑶	行政部	2800	2650	1300	6750	224	56	28	220	6002
4												
5	员工工资号	姓名	部门	岗位工资	绩效工资	工龄工资	应发工资	养老保险	医疗保险	失业保险	应扣所得税	实发工资
6	gz002	陈刚	采购部	2000	1860	1700	5560	160	40	20	101	5138
7												
8	员工工资号	姓名	部门	岗位工资	绩效工资	工龄工资	应发工资	养老保险	医疗保险	失业保险	应扣所得税	实发工资
9	gz003	陈伟伟	行政部	2000	1860	1500	5360	160	40	20	81	4978
10												
11	员工工资号	姓名	部门	岗位工资	绩效工资	工龄工资	应发工资	养老保险	医疗保险	失业保险	应扣所得税	实发工资
12	gz004	陈小乐	行政部	3500	3200	1300	8000	280	70	35	345	6925
13												
14	员工工资号	姓名	部门	岗位工资	绩效工资	工龄工资	应发工资	养老保险	医疗保险	失业保险	应扣所得税	实发工资
15	gz005	崔宁	财务部	2800	2650	1200	6650	224	56	28	210	5922

图 2-68　制作完成后的工资条效果

2.5　销售表的统计分析

2.5.1　对数据表进行排序

Excel 中可以对一列或多列中的数据按文本、数字以及日期和时间按照升序或降序进行排序，还可以按自定义序列（如大、中、小）或格式（包括单元格颜色、字体颜色或图标集）进行排序。Excel 表的排序条件随工作表一起保存，每当打开工作表时，都会对该表重新应用排序。

1. 复制工作表

打开"销售统计表.xlsx"文件，单击"开始"选项卡下的"单元格"组中的"格式"按钮，弹出格式下拉列表，选择"移动或复制工作表"命令，如图 2-69 所示，在弹出的"移动或复制工作表"对话框中勾选"建立副本"复选框，如图 2-70 所示，单击"确定"按钮，建立一个与"销售业绩表"相同的工作表"销售业绩表（2）"。

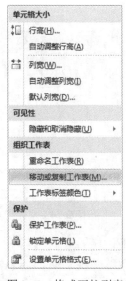

图 2-69　格式下拉列表

图 2-70　"移动或复制工作表"对话框

2. 重命名工作表

将鼠标指向"销售业绩表（2）"，单击右键，弹出如图 2-71 所示的快捷菜单，选择"重命名"命令，修改工作表名为"单字段排序"。重命名后效果如图 2-72 所示。

图 2-71　快捷菜单

| 单字段排序 | 销售业绩表 |

图 2-72　重命名后效果

3. 按销售总计排序

打开"销售统计表.xlsx"，选择单元格区域 H3:H46，单击"开始"选项卡下的"数字"组中的"会计数字格式"按钮，将选定的单元格区域设置为会计格式；再选择 D3:H46 单元格区域，单击"开始"选项卡下的"编辑"组中的"自动求和"按钮，计算销售总计，效果如图 2-73 所示。

销售统计表

员工编号	姓名	部门	一季度（万）	二季度（万）	三季度（万）	四季度（万）	销售总计（万）	
BH0001	牛丽	销售1部	133	185	191	196	¥	705.00
BH0002	刘芳	销售2部	147	183	129	187	¥	646.00
BH0003	寇佳	销售2部	151	125	174	189	¥	639.00
BH0004	李小霞	销售3部	159	197	136	200	¥	692.00

图 2-73　对销售总计列计算

将鼠标定位到"销售总计"列任意一个单元格处，如选择 H4 单元格，单击"开始"选项卡下的"编辑"组中的"排序和筛选"按钮，弹出下拉菜单，在下拉菜单中选择"降序"命令，如图 2-74 所示，则表格按"销售总计"列降序排列。排序后的效果如图 2-75 所示。

图 2-74　"排序和筛选"按钮下拉菜单

4. 根据多个关键字进行排序

查看图 2-75 按"销售总计"降序排序后的结果发现，在表中有销售总计相同的数据，此时需要将数据项按另一个关键字进行排序，如按季度顺序排序。

首先复制"单字段排序"工作表，并将其命名为"多个字段排序"。然后选择"数据"选项卡下的"排序和筛选"组中的"排序"命令，弹出"排序"对话框。在该对话框中的"主要关键字"行中设置"列"为"销售总计"，排序依据为"数值"，次序为"降序"，单击"添加条件"命令；在"次要关键字"

行中设置"列"为"一季度"，排序依据为"数值"，次序为"降序"；再次单击"添加条件"命令，在"次要关键字"行中设置"列"为"二季度"，排序依据为"数值"，次序为"降序"；按同样方法分别设置"次要关键字"为"三季度"和"四季度"，如图 2-76 所示，单击"确定"按钮。

员工编号	姓名	部门	一季度（万）	二季度（万）	三季度（万）	四季度（万）	销售总计	销售排名
				销售统计表				
BH0014	闫喜一	销售2部	193	173	181	188	¥ 735.00	
BH0013	强玉祥	销售2部	192	145	200	172	¥ 709.00	
BH0011	赵玉楠	销售3部	186	143	184	193	¥ 706.00	
BH0001	牛雨	销售1部	133	185	191	196	¥ 705.00	
BH0029	孟祥一	销售3部	190	190	140	179	¥ 699.00	
BH0004	李小磊	销售3部	159	197	136	200	¥ 692.00	
BH0010	王凤凤	销售1部	184	128	194	186	¥ 692.00	
BH0007	赵文琪	销售1部	169	142	199	179	¥ 689.00	
BH0006	宋小博	销售2部	165	156	162	193	¥ 676.00	
BH0015	史一	销售1部	195	152	144	185	¥ 676.00	
BH0012	李玉博	销售1部	186	171	154	162	¥ 673.00	
BH0028	刘一铭	销售2部	185	187	154	146	¥ 672.00	
BH0017	陈小超	销售2部	117	180	177	194	¥ 668.00	
BH0005	陈小明	销售1部	164	127	181	194	¥ 666.00	
BH0026	刘欣	销售2部	167	157	141	200	¥ 665.00	
BH0009	秦明文	销售2部	176	165	166	151	¥ 658.00	
BH0030	张彬彬	销售2部	194	151	146	162	¥ 653.00	
BH0019	王瑞云	销售3部	138	179	185	146	¥ 648.00	
BH0002	刘芳	销售1部	147	183	129	187	¥ 646.00	
BH0003	寇佳	销售1部	151	125	174	189	¥ 639.00	
BH0008	杨勇文	销售3部	175	127	135	197	¥ 634.00	
BH0022	刘金	销售2部	151	145	150	184	¥ 630.00	
BH0027	贺岩	销售2部	169	157	175	129	¥ 630.00	
BH0025	李石	销售1部	161	192	144	132	¥ 629.00	
BH0021	李云璐	销售2部	148	145	134	188	¥ 615.00	
BH0039	杨鹏	销售1部	152	127	168	162	¥ 609.00	
BH0018	郭小梅	销售1部	126	199	157	126.3	¥ 608.30	
BH0041	李娜	销售3部	171	129	148	157	¥ 605.00	
BH0016	周小伟	销售2部	112	155	170	166	¥ 603.00	
BH0043	许泽平	销售2部	188	136.1	156	121	¥ 601.10	
BH0044	刘志刚	销售3部	193	149	126	132	¥ 600.00	
BH0033	唐艳霞	销售1部	127	146	130	190	¥ 593.00	
BH0020	源云芳	销售2部	145	149	121	174	¥ 589.00	
BH0037	司徒音	销售2部	150	142	172	121	¥ 585.00	
BH0042	唐荣华	销售1部	173	131	135	141	¥ 580.00	
BH0040	田丽	销售2部	162	111	122	183	¥ 578.00	
BH0024	张云	销售2部	154	121	132.1	168	¥ 575.10	
BH0023	李曦	销售2部	153	140	128	150	¥ 571.00	

图 2-75　按"销售总计"降序排序后的效果

图 2-76　"排序"对话框

2.5.2　利用自动筛选功能筛选表中的数据

筛选过的数据仅显示那些满足指定条件的行，并隐藏那些不希望显示的行。筛选数据之后，对于筛选过的数据的子集，不需要重新排列或移动就可以复制、查找、编辑、设置格式、制作图表和打印。

使用自动筛选可以创建三种筛选类型：按值列表、按格式或按条件。

1. 添加自动筛选按钮

将"销售业绩表"复制一份，并将复制的表重命名为"自动筛选"。

选定"自动筛选"工作表，单击"数据"选项卡下的"排序和筛选"组中的"筛选"按钮，如图 2-77 所示，添加筛选按钮后的效果如图 2-78 所示。

图 2-77 "排序和筛选"组

图 2-78 添加自动筛选按钮后的效果

2. 设置筛选条件

单击"部门"右侧的下拉按钮，在弹出的下拉菜单中取消选中"全选"复选框，选中"销售 2 部"复选框，如图 2-79 所示，单击"确定"按钮。筛选后效果如图 2-80 所示。

图 2-79 筛选下拉菜单

3. 多字段筛选

复制工作表"销售业绩表"，并将复制的表重命名为"多字段筛选"。

单击"开始"选项卡下的"编辑"组中的"排序和筛选"按钮，弹出如图 2-74 所示的下拉菜单，选择"筛选"命令。

首先筛选的部门为"销售 3 部"。单击"销售总计"右侧的下拉按钮，在弹出的如图 2-81 所示的下拉菜单中选择"数字筛选"命令，在弹出的如图 2-82 所示的级联菜单中选择"介于"命令打开"自定义自动筛选方式"对话框，设置销售总计"大于或等于"的值为 500、"小于或等于"的值为 600，如图 2-83 所示，单击"确定"按钮。设置后的效果如图 2-84 所示。

员工编	姓名	部门	一季度（万）	二季度（万）	三季度（万）	四季度（万）	销售总计
BH0013	熄玉祥	销售2部	192	145	200	172	¥ 709.00
BH0014	闫春一	销售2部	193	173	181	188	¥ 735.00
BH0003	寇佳	销售2部	151	125	174	189	¥ 639.00
BH0016	周小洋	销售2部	112	155	170	166	¥ 603.00
BH0009	姜明文	销售2部	176	165	166	151	¥ 658.00
BH0006	宋小娜	销售2部	165	156	162	193	¥ 676.00
BH0028	刘一铭	销售2部	185	187	154	146	¥ 672.00
BH0030	张彬彬	销售2部	194	151	146	162	¥ 653.00
BH0025	李石	销售2部	161	192	144	132	¥ 629.00
BH0026	刘欣	销售2部	167	157	141	200	¥ 665.00
BH0021	李云晴	销售2部	148	145	134	188	¥ 615.00
BH0002	刘芳	销售2部	147	183	129	187	¥ 646.00
BH0023	李蒙	销售2部	153	140	128	150	¥ 571.00
BH0040	田丽	销售2部	162	111	122	183	¥ 578.00
BH0034	张恒	销售2部	136	195	122	114	¥ 567.00
BH0020	廖云芳	销售2部	145	149	121	174	¥ 589.00

图 2-80　筛选后的效果

图 2-81　下拉菜单

图 2-82　级联菜单

图 2-83　"自定义自动筛选方式"对话框

员工编	姓名	部门	一季度（万）	二季度（万）	三季度（万）	四季度（万）	销售总计
BH0037	司徒春	销售3部	150	142	172	121	¥ 585.00
BH0038	许小辉	销售3部	151	121	170	114	¥ 556.00
BH0032	黄海生	销售3部	125	115	170	118	¥ 528.00
BH0035	李丽丽	销售3部	143	123	164	115	¥ 545.00
BH0044	刘志刚	销售3部	193	149	126	132	¥ 600.00
BH0031	王珊珊	销售3部	125	152	114	135	¥ 526.00

图 2-84　多字段筛选后的效果

2.5.3 利用高级筛选功能筛选表中的数据

为了不影响原表中显示的数据，经常要将筛选的结果放置到指定的单元格区域或工作表中，此时可以采用高级筛选功能。

高级筛选必须先制作条件区域，条件由字段名称和条件表达式组成。首先在空白单元格输入要进行筛选的条件字段名称，该字段名称必须与进行筛选的工作表首行列标题名称完全相同，在下方的单元格输入要进行筛选的条件表达式。若多个筛选条件形成"与"的关系时，多个筛选条件并排输入，若多个筛选条件形成"或"的关系时，则筛选条件在不同行输入。

特殊筛选条件时，字段名称处不能输入与工作表列标题名称相同的内容。

1. 制作筛选的条件区域

新建一个工作表，并命名为"高级筛选"。

筛选销售总计>700 的数据：选择 A1 单元格输入"销售总计"，选择 A2 单元格输入">700"，如图 2-85 所示。

2. 高级筛选

选择"数据"选项卡下的"排序和筛选"组中的"高级"命令，弹出"高级筛选"对话框。选中"将筛选结果复制到其他位置"单选按钮；列表区域引用"销售业绩表"中的数据区域"销售业绩表!\$A\$2:\$H\$46"；条件区域引用"高级筛选"表中的数据区域"高级筛选!\$A\$1:\$A\$2"；复制到引用"高级筛选!\$A\$5"，如图 2-86 所示（隐藏了部分内容）。单击"确定"按钮，筛选后的效果如图 2-87 所示。

图 2-85　制作筛选条件　　　　　　　图 2-86　"高级筛选"对话框

	A	B	C	D	E	F	G	H
1	销售总计							
2	>700							
3								
4								
5	员工编号	姓名	部门	一季度（万）	二季度（万）	三季度（万）	四季度（万）	销售总计
6	BH0001	牛丽	销售1部	133	185	191	196	￥ 705.00
7	BH0013	姬玉祥	销售2部	192	145	200	172	￥ 709.00
8	BH0014	闫春一	销售2部	193	173	181	188	￥ 735.00
9	BH0011	赵玉锦	销售3部	186	143	184	193	￥ 706.00

图 2-87　高级筛选后的效果

3. 多条件高级筛选

若想筛选销售 1 部和销售 2 部中销售总计在 600～700 的数据，则选择 B12:C14 单元格区域，输入如图 2-88 所示内容。打开"高级筛选"对话框，选中"将筛选结果复制到其他位置"单选按钮；列表区域引用"销售业绩表"中的数据区域"销售业绩表!\$A\$2:\$H\$46"；条件区域引用

"高级筛选"表中的数据区域"高级筛选!\$B\$12:\$D\$14";复制到引用"高级筛选!\$A\$16",如图 2-89 所示（隐藏了部分内容）。单击"确定"按钮,筛选后的效果如图 2-90 所示。

	A	B	C	D
12		部门	销售总计	销售总计
13		销售1部	>600	<700
14		销售2部	>600	<700

图 2-88 多条件区域设置

图 2-89 进行多条件筛选的"高级筛选"对话框

	A	B	C	D	E	F	G	H
12		部门	销售总计	销售总计				
13		销售1部	>600	<700				
14		销售2部	>600	<700				
15								
16	员工编号	姓名	部门	一季度（万）	二季度（万）	三季度（万）	四季度（万）	销售总计
17	BH0007	赵文琪	销售1部	169	142	199	179	¥ 689.00
18	BH0010	王凤风	销售1部	184	128	194	186	¥ 692.00
19	BH0005	陈小桐	销售1部	164	127	181	194	¥ 666.00
20	BH0027	贺岩	销售1部	169	157	175	129	¥ 630.00
21	BH0039	杨鹏	销售1部	152	127	168	162	¥ 609.00
22	BH0018	顾小海	销售1部	126	199	157	126.3	¥ 608.30
23	BH0012	李玉博	销售1部	186	171	154	162	¥ 673.00
24	BH0015	史一	销售1部	195	152	144	185	¥ 676.00
25	BH0003	寇佳	销售2部	151	125	174	189	¥ 639.00
26	BH0016	周小洋	销售2部	112	155	170	166	¥ 603.00
27	BH0009	秦明文	销售2部	176	165	166	151	¥ 658.00
28	BH0006	宋小娜	销售2部	165	156	162	193	¥ 676.00
29	BH0028	刘一铭	销售2部	185	187	154	146	¥ 672.00
30	BH0030	张彬彬	销售2部	194	151	146	162	¥ 653.00
31	BH0025	李石	销售2部	161	192	144	132	¥ 629.00
32	BH0026	刘欣	销售2部	167	157	141	200	¥ 665.00
33	BH0021	李云璐	销售2部	148	145	134	188	¥ 615.00
34	BH0002	刘芳	销售2部	147	183	129	187	¥ 646.00
35								

图 2-90 多条件高级筛选后的效果

4. 复杂条件高级筛选

筛选出一季度小于二季度销售量的数据:选择 B36 单元格输入"条件",选择 B37 单元格输入公式"=销售业绩表!D3<销售业绩表!E3",按回车键,如图 2-91 所示。

B37			=销售业绩表!D3<销售业绩表!E3		
	A	B	C	D	E
36		条件			
37		FALSE			

图 2-91 特殊条件区域设置

打开"高级筛选"对话框，选中"将筛选结果复制到其他位置"单选按钮；列表区域引用销售业绩表中的数据区域"销售业绩表!$A$2:$H$46"；条件区域引用"高级筛选!$B$36:$B$37"；复制到引用"高级筛选!$A$39"，如图 2-92 所示。单击"确定"按钮，筛选后效果如图 2-93 所示。

图 2-92 "高级筛选"对话框内的设置

| | B37 | ▼ | *fx* | =销售业绩表!D3<销售业绩表!E3 | | | |
	A	B	C	D	E	F	G	H
36		条件						
37		FALSE						
38								
39	员工编号	姓名	部门	一季度（万）	二季度（万）	三季度（万）	四季度（万）	销售总计
40	BH0001	牛丽	销售1部	133	185	191	196	¥ 705.00
41	BH0018	顾小海	销售1部	126	199	157	126.3	¥ 608.30
42	BH0033	唐艳霞	销售1部	127	146	130	190	¥ 593.00
43	BH0016	周小洋	销售2部	112	155	170	166	¥ 603.00
44	BH0028	刘一铭	销售2部	185	187	154	146	¥ 672.00
45	BH0025	李石	销售2部	161	192	144	132	¥ 629.00
46	BH0002	刘芳	销售2部	147	183	129	187	¥ 646.00
47	BH0034	张恬	销售2部	136	195	122	114	¥ 567.00
48	BH0020	廖云芳	销售2部	145	149	121	174	¥ 589.00
49	BH0019	王瑞云	销售3部	138	179	185	146	¥ 648.00
50	BH0017	陈小超	销售3部	117	180	177	194	¥ 668.00
51	BH0004	李小霞	销售3部	159	197	136	200	¥ 692.00
52	BH0031	王珊珊	销售3部	125	152	114	135	¥ 526.00

图 2-93 复杂条件高级筛选后的效果

2.5.4 分类汇总工作表中的数据

日常办公中经常要对大量数据按不同的类别进行汇总计算，使用"分类汇总"功能可以自动计算列表中的分类汇总和总计。

分类汇总首先要进行排序，将工作表中数据按需求进行分类，然后再进行汇总。首先要确保在数据区域中，要进行分类汇总计算的每个列的第一行都具有一个标签，每个列中都包含类似的数据，并且该区域不包含任何空白行或空白列。

1. 分类

若想显示各个部门的销售总计的和，首先要对部门进行排序。

将"销售业绩表"复制一份，将其重命名为"按部门分类汇总"。选中部门列中任意一个单元格，单击"开始"选项卡下的"编辑"组中的"排序和筛选"下拉菜单中的"升序"按钮，将表按部门升序排序。排序后效果如图 2-94 所示。

	C9		▼ (	fx	销售1部			
	A	B	C	D	E	F	G	H
1					销售统计表			
2	员工编号	姓名	部门	一季度（万）	二季度（万）	三季度（万）	四季度（万）	销售总计
3	BH0001	牛丽	销售1部	133	185	191	196	¥ 705.00
4	BH0005	陈小桐	销售1部	164	127	181	194	¥ 666.00
5	BH0007	赵文琪	销售1部	169	142	199	179	¥ 689.00
6	BH0010	王凤凤	销售1部	184	128	194	186	¥ 692.00
7	BH0012	李玉博	销售1部	186	171	154	162	¥ 673.00
8	BH0015	史一	销售1部	195	152	144	185	¥ 676.00
9	BH0018	顾小海	销售1部	126	199	157	126.3	¥ 608.30
10	BH0024	张云	销售1部	154	121	132.1	168	¥ 575.10
11	BH0027	贺岩	销售1部	169	157	175	129	¥ 630.00
12	BH0033	唐艳霞	销售1部	127	146	130	190	¥ 593.00
13	BH0036	马小燕	销售1部	143	119	176	126	¥ 564.00
14	BH0039	杨鹏	销售1部	152	127	168	162	¥ 609.00
15	BH0042	詹荣华	销售1部	173	131	135	141	¥ 580.00
16	BH0002	刘芳	销售2部	147	183	129	187	¥ 646.00
17	BH0003	寇佳	销售2部	151	125	174	189	¥ 639.00
18	BH0006	宋小娜	销售2部	165	156	162	193	¥ 676.00
19	BH0009	索明文	销售2部	176	165	166	151	¥ 658.00
20	BH0013	姬玉祥	销售2部	192	145	200	172	¥ 709.00
21	BH0014	闫春一	销售2部	193	173	181	188	¥ 735.00
22	BH0016	周小洋	销售2部	112	155	170	166	¥ 603.00
23	BH0020	廖云芳	销售2部	145	149	121	174	¥ 589.00
24	BH0021	李云鹏	销售2部	148	145	134	188	¥ 615.00
25	BH0023	李康	销售2部	153	140	128	150	¥ 571.00
26	BH0025	李石	销售2部	161	192	144	132	¥ 629.00
27	BH0026	刘欣	销售2部	167	157	141	200	¥ 665.00
28	BH0028	刘一铭	销售2部	185	187	154	146	¥ 672.00
29	BH0030	张彬彬	销售2部	194	151	146	162	¥ 653.00
30	BH0034	张恬	销售2部	136	195	122	114	¥ 567.00
31	BH0040	田丽	销售2部	162	111	122	183	¥ 578.00
32	BH0004	李小霞	销售3部	159	197	136	200	¥ 692.00
33	BH0008	杨勇文	销售3部	175	127	135	197	¥ 634.00
34	BH0011	赵玉锦	销售3部	186	143	184	193	¥ 706.00
35	BH0017	陈小超	销售3部	117	180	177	194	¥ 668.00

按部门分类汇总　高级筛选　多字段筛选　自动筛选　多个字段排序　单一字段排序　销售业绩表　Sheet1　Sheet

图 2-94　按部门升序排序后效果

2. 汇总

单击"数据"选项卡下的"分级显示"组中的"分类汇总"按钮，如图 2-95 所示，弹出"分类汇总"对话框，在"分类字段"列表中选择"部门"，在"汇总方式"列表中选择"求和"，在"选定汇总项"中选择"销售总计"复选按钮，如图 2-96 所示。单击"确定"按钮，完成分类汇总设置，设置后效果如图 2-97 所示。

图 2-95　"分级显示"组

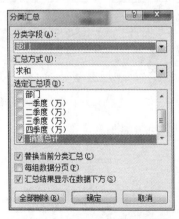

图 2-96　"分类汇总"对话框

1 2 3	A	B	C	D	E	F	G	H	I
1					销售统计表				
2	员工编号	姓名	部门	一季度（万）	二季度（万）	三季度（万）	四季度（万）	销售总计	
3	BH0001	牛丽	销售1部	133	186	191	196	￥ 705.00	
4	BH0005	陈小霞	销售1部	164	127	181	194	￥ 666.00	
5	BH0007	赵文琪	销售1部	169	142	199	179	￥ 689.00	
6	BH0010	王凤凤	销售1部	184	128	194	186	￥ 692.00	
7	BH0012	李玉博	销售1部	186	171	154	162	￥ 673.00	
8	BH0015	史一	销售1部	195	152	144	185	￥ 676.00	
9	BH0018	蒙小海	销售1部	126	199	157	126.3	￥ 608.30	
10	BH0024	张云	销售1部	154	121	132.1	168	￥ 675.10	
11	BH0027	夏兰	销售1部	169	157	175	129	￥ 630.00	
12	BH0033	唐地甜	销售1部	127	146	130	190	￥ 593.00	
13	BH0036	马小燕	销售1部	143	119	176	126	￥ 564.00	
14	BH0039	杨鹏	销售1部	162	127	168	162	￥ 609.00	
15	BH0042	詹荣华	销售1部	173	131	135	141	￥ 580.00	
16			销售1部 汇总					￥ 8,260.40	
17	BH0002	刘芳	销售2部	147	183	129	187	￥ 646.00	
18	BH0003	莫佳	销售2部	161	125	174	189	￥ 639.00	
19	BH0006	宋小娜	销售2部	155	166	162	193	￥ 676.00	
20	BH0009	秦明文	销售2部	176	166	166	161	￥ 668.00	
21	BH0013	姮玉祥	销售2部	192	145	200	172	￥ 709.00	
22	BH0014	阎春一	销售2部	193	173	181	188	￥ 735.00	
23	BH0016	周小洋	销售2部	112	166	170	166	￥ 603.00	
24	BH0020	廖云芳	销售2部	145	149	121	174	￥ 589.00	
25	BH0021	李云娇	销售2部	148	145	134	188	￥ 616.00	
26	BH0023	李康	销售2部	165	140	128	160	￥ 571.00	
27	BH0025	李石	销售2部	161	192	144	132	￥ 629.00	
28	BH0026	刘欣	销售2部	167	167	141	200	￥ 666.00	
29	BH0028	刘一铭	销售2部	185	187	154	146	￥ 672.00	
30	BH0030	张邦邦	销售2部	194	151	146	162	￥ 653.00	
31	BH0034	张笛	销售2部	136	195	122	114	￥ 567.00	
32	BH0040	田丽	销售2部	162	111	122	185	￥ 578.00	
33			销售2部 汇总					￥ 10,205.00	
34	BH0004	李小雁	销售3部	169	197	136	200	￥ 692.00	
35	BH0008	杨勇文	销售3部	175	127	156	197	￥ 634.00	
36	BH0011	赵玉棋	销售3部	186	143	184	193	￥ 706.00	
37	BH0017	陈小颖	销售3部	117	180	177	194	￥ 668.00	
38	BH0019	王瑞云	销售3部	138	179	185	146	￥ 648.00	
39	BH0022	刘金	销售3部	161	145	150	184	￥ 699.00	
40	BH0029	孟祥一	销售3部	190	190	140	179	￥ 699.00	
41	BH0031	王瑞涓	销售3部	126	162	114	138	￥ 626.00	
42	BH0032	黄海生	销售3部	125	116	170	118	￥ 528.00	
43	BH0035	李丽丽	销售3部	143	123	164	115	￥ 545.00	
44	BH0037	司徒春	销售3部	160	142	172	121	￥ 586.00	
45	BH0038	许小辉	销售3部	161	121	170	114	￥ 566.00	
46	BH0041	李娜	销售3部	171	129	148	167	￥ 606.00	
47	BH0043	许喜平	销售3部	188	135.1	166	121	￥ 601.10	
48	BH0044	刘志刚	销售3部	193	149	126	132	￥ 600.00	
49			销售3部 汇总					￥ 9,223.10	
50			总计					￥ 27,688.50	
51									

图 2-97　按部门分类汇总后的效果

3. 查看分类汇总效果

单击图 2-97 中左侧窗格上方的按钮 2 ，可以查看各部门的销售总额，如图 2-98 所示。

1 2 3	A	B	C	D	E	F	G	H	
1					销售统计表				
2	员工编号	姓名	部门	一季度（万）	二季度（万）	三季度（万）	四季度（万）	销售总计	
16			销售1部 汇总					￥ 8,260.40	
33			销售2部 汇总					￥ 10,205.00	
49			销售3部 汇总					￥ 9,223.10	
50			总计					￥ 27,688.50	
51									

图 2-98　各部门销售额分类汇总后的效果

单击图 2-97 中左侧窗格上方的按钮 1 ，可以查看总的销售额，如图 2-99 所示。

1 2 3	A	B	C	D	E	F	G	H	
1					销售统计表				
2	员工编号	姓名	部门	一季度（万）	二季度（万）	三季度（万）	四季度（万）	销售总计	
50			总计					￥ 27,688.50	

图 2-99　总销售额汇总后的效果

4. 添加多个分类汇总项

在原来分类汇总的结果上再添加各个部门各个季度的最大值。

打开"分类汇总"对话框，在"分类字段"列表中选择"部门"，在"汇总方式"列表中选择"最大值"，在"选定汇总项"中取消"销售总计"复选框，勾选"一季度""二季度""三季度""四季度"复选框，将"替换当前分类汇总"复选项取消，如图 2-100 所示。单击"确定"按钮，设置后效果如图 2-101 所示。

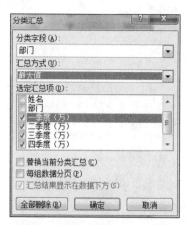

图 2-100　添加多个分类汇总项

图 2-101　添加多个分类汇总项的效果

5. 删除分类汇总效果

复制"按部门分类汇总"表，并将其命名为"删除分类汇总"。

打开"分类汇总"对话框，单击"全部删除"按钮，如图 2-102 所示，即删除了表中的分类汇总结果，返回到分类汇总前的工作表状态。

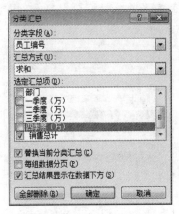

图 2-102　删除分类汇总

2.6　销售图表的制作

2.6.1　图表类型介绍

图表是将工作表中的数据图形化，可形象地体现数据之间的关系和变化趋势。Excel 提供的图表类型有柱形图、折线图、饼图、条形图、面积图、散点图、股价图、曲面图、圆环图、气泡图和雷达图等 11 种。每种类型各有子类型，不同图表类型适合于不同的数据类型。比较常用的是柱形图、折线图和饼图。

1. 图表的结构

图表区主要由图表标题、绘图区、图例、坐标轴、数据系列等部分组成，如图 2-103 所示。

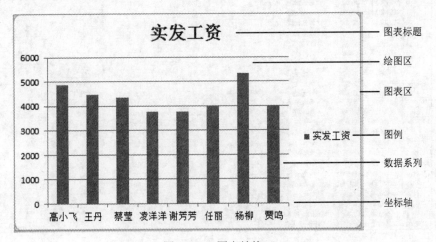

图 2-103　图表结构

图表区：整个图表区域，包含所有数据信息、图表标题、图例及坐标轴等。

坐标轴：包括水平坐标轴和垂直坐标轴，一般情况下水平坐标轴表示数据分类，称为分类轴；垂直坐标轴表示数据值，称为数值轴。

绘图区：整个图表的中间部分，显示以不同图表类型表示的数据系列。

图例：定义图表中数据系列的名称或分类。

2. 图表类型

柱形图：显示某时间段内的数据变化或各项之间的比较情况，如图 2-104 所示。

折线图：显示在相等时间间隔内数据的变化趋势，如图 2-105 所示。

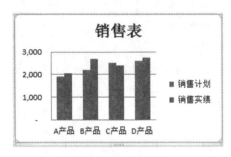

图 2-104　柱形图

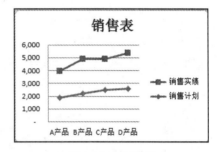

图 2-105　折线图

饼图：对比几个数据在总和中所占的比例关系，如图 2-106 所示。

条形图：类似于柱形图，强调各个数据项之间的变化情况，如图 2-107 所示。

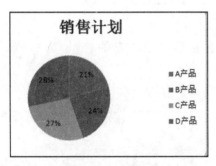

图 2-106　饼图

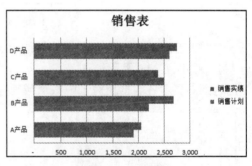

图 2-107　条形图

面积图：显示一段时期内数据的变动幅值，如图 2-108 所示。

散点图：显示若干数据系列中各数值之间的关系，如图 2-109 所示。

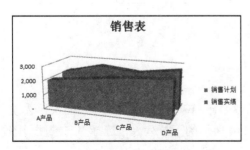

图 2-108　面积图

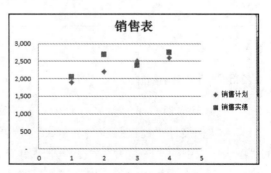

图 2-109　散点图

股价图：显示股价的波动，多用于金融领域。

曲面图：寻找两组数据之间的最佳组合，如图 2-110 所示。

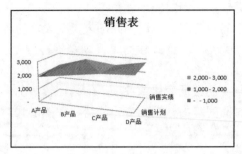

图 2-110　曲面图

圆环图：显示部分与整体的关系，圆环图可以包含多个数据系列，如图 2-111 所示。

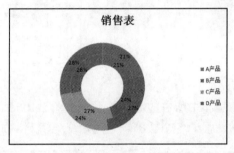

图 2-111　圆环图

气泡图：工作表中数据的第 1 列中列出 x 值，相邻列中列出相应的 y 值，第 3 列数值表示气泡大小，如图 2-112 所示。

雷达图：显示各数据相对于中心点或其他数据的变动情况，如图 2-113 所示。

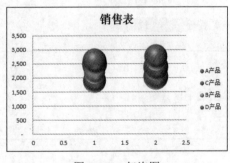

图 2-112　气泡图

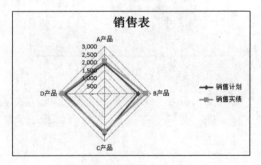

图 2-113　雷达图

2.6.2　制作销售图表

1. 创建柱形图

打开实例文件"销售统计图表.xlsx"。选择 A3:D15 单元格区域，选择"插入"选项卡下的"图表"组中的"柱形图"命令，弹出如图 2-114 所示的下拉列表，选择"二维柱形图"类型中的第一个"簇状柱形图"项，插入如图 2-115 所示的图表。

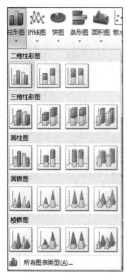

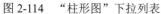

图 2-114　"柱形图"下拉列表

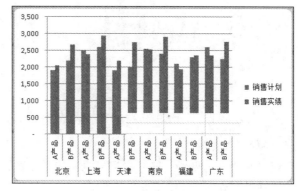

图 2-115　簇状柱形图

2. 更改图表类型

选中图表中的销售计划柱形，如图 2-116 所示，选择"设计"选项卡下的"类型"组中的"更改图表类型"命令，弹出如图 2-117 所示的"更改图表类型"对话框，选择"折线图"类型中的第四个"带数据标记的折线图"，单击"确定"按钮。设置后效果如图 2-118 所示。

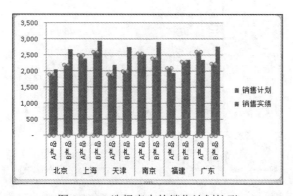

图 2-116　选择表中的销售计划柱形

图 2-117　"更改图表类型"对话框

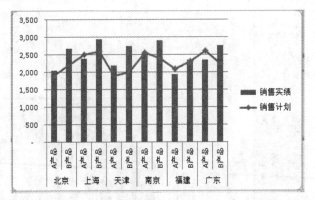

图 2-118　将销售计划柱形图更改为折线图后的效果

3. 添加图表标题

单击"布局"选项卡下的"标签"组中的"图表标题"按钮，弹出如图 2-119 所示的下拉菜单，选择"图表上方"命令，则在图表上方添加一图表标题，如图 2-120 所示。选中"图表标题"文字，将其更改为"2018 年销售实绩图"，设置后效果如图 2-121 所示。

图 2-119　"图表标题"下拉菜单

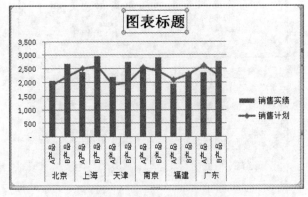

图 2-120　添加图表标题后的效果

4. 添加数据标签

在图表中选中"销售计划"折线图，单击"布局"选项卡下的"标签"组中的"数据标签"按钮，弹出如图 2-122 所示的下拉菜单，选择"下方"命令，则在折线图下方添加数据标签，如图 2-123 所示。

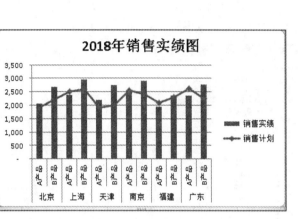

图 2-121　更改图表标题后的效果

图 2-122　"数据标签"下拉菜单

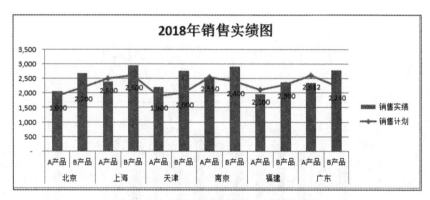

图 2-123　添加折线图数据标签后的效果

5．设置坐标轴格式

右键单击垂直坐标轴，弹出如图 2-124 所示的快捷菜单，选中"设置坐标轴格式"命令，弹出"设置坐标轴格式"对话框，在该对话框中设置"坐标轴选项"，最小值为 500，最大值为 3000，如图 2-125 所示。单击"关闭"按钮，设置后效果如图 2-126 所示。

图 2-124　垂直坐标快捷菜单

6．格式化图表

右键单击图表区域，弹出如图 2-127 所示快捷菜单，选择"设置图表区域格式"命令，弹出设置"设置图表区格式"对话框。在对话框中设置"填充颜色"为"渐变填充",如图 2-128 所示;"阴影"设置为"预设"中的"内部右下部",如图 2-129 所示;"边框样式"设置为"圆角",如图 2-130 所示;"边框颜色"设置为"实线",如图 2-131 所示。

图 2-125　"设置坐标轴格式"对话框

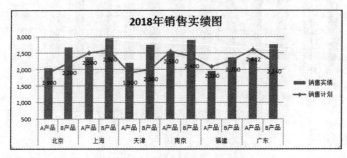

图 2-126　设置坐标轴格式后的效果

图 2-127　图表区快捷菜单

图 2-128　设置填充颜色

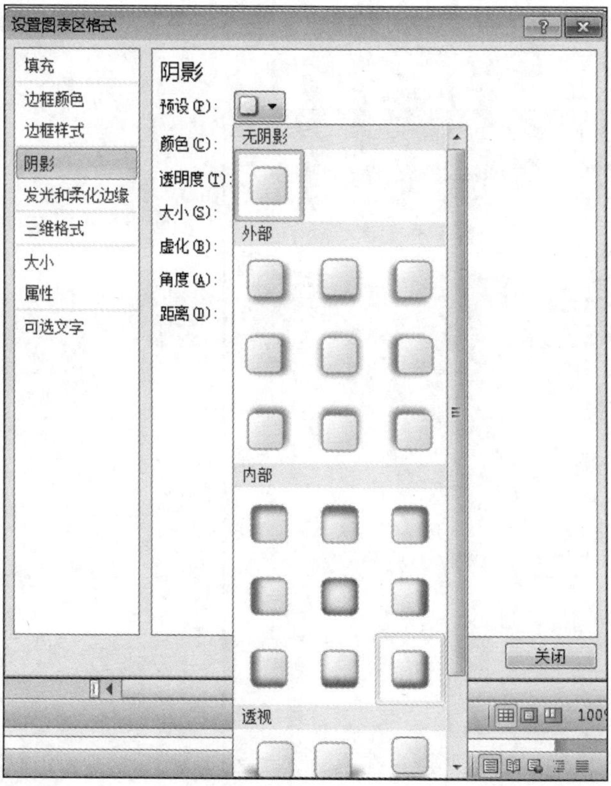

图 2-129　设置阴影样式

图 2-130　设置边框样式

右键单击绘图区域，弹出如图 2-132 所示快捷菜单，选择"设置绘图区格式"命令，设置"填充"为"渐变填充"，单击"关闭"按钮。适当调整图表大小，设置后效果如图 2-133 所示。

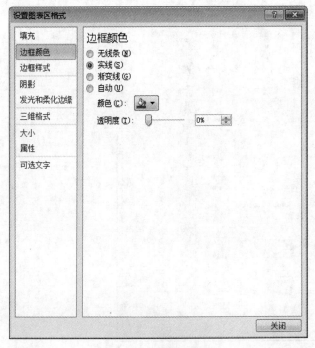

图 2-131　设置边框颜色

图 2-132　绘图区域快捷菜单

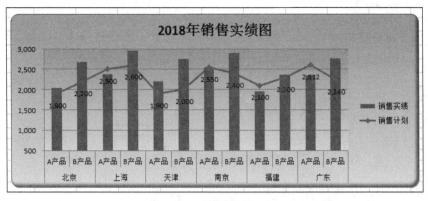

图 2-133　格式化后的图表

2.7　甘特图的制作

扫码看视频

甘特图（Gantt Chart）又称为横道图、条状图（Bar Chart），以提出者亨利·L.甘特（Henrry L. Gantt）先生的名字命名。

甘特图内在思想简单，即以图示的方式通过活动列表和时间刻度形象地表示出任何特定项目的活动顺序与持续时间。它基本是一条线条图，横轴表示时间，纵轴表示活动（项目），线条表示在整个期间计划和实际的活动完成情况。它直观地表明任务计划在什么时候进行，及实际进展与计划要求的对比。管理者由此可方便地查看一项任务（项目）还剩下哪些工作要做，并可评估工作进度，如图 2-134 所示。

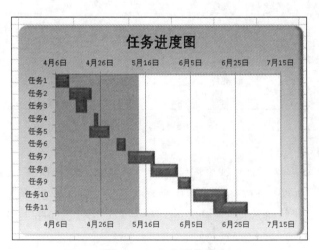

图 2-134　任务甘特图

甘特图包含以下三个含义。

（1）以图形或表格的形式显示活动。

（2）通用的显示进度的方法。

（3）构造时含日历和持续时间，不将周末节假算在进度内。

甘特图制作简单、醒目、便于编制，广泛应用在管理中。

1. 添加"工期"字段

打开实例文件"甘特图.xlsx"。选择 D1 单元格,输入"工期";选择 D2 单元格,输入公式"=C2-B2";按回车键,向下填充到 D12 单元格。结果如图 2-135 所示。

D2			f_x	=C2-B2
	A	B	C	D
1		开始时间	完成时间	工期
2	任务1	4月6日	4月12日	6
3	任务2	4月12日	4月22日	10
4	任务3	4月15日	4月20日	5
5	任务4	4月23日	4月25日	2
6	任务5	4月21日	4月30日	9
7	任务6	5月3日	5月7日	4
8	任务7	5月8日	5月20日	12
9	任务8	5月18日	5月30日	12
10	任务9	5月30日	6月5日	6
11	任务10	6月6日	6月21日	15
12	任务11	6月15日	6月30日	15

图 2-135　添加"工期"字段

2. 插入条形图

选择 A1:B12 区域,按住 Ctrl 键选择 D1:D12 区域,选择"插入"选项卡下的"图表"组中的"条形图"命令,在弹出的快捷菜单中选择"二维条形图"项,如图 2-136 所示。

图 2-136　插入条形图

3. 设置坐标轴格式

双击水平(值)轴,弹出"设置坐标轴格式"对话框,在对话框中设置"坐标轴选项"中的最小值为"4-6",如图 2-137 所示;双击垂直(类别)轴,弹出"设置坐标轴格式"对话框,在对话框中选择"坐标轴选项"中的"逆序类别"复选框,如图 2-138 所示。设置后的效果如图 2-139 所示。

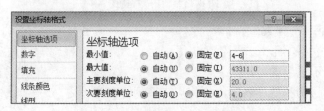

图 2-137　设置水平坐标轴格式

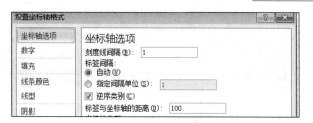

图 2-138 设置垂直坐标轴格式

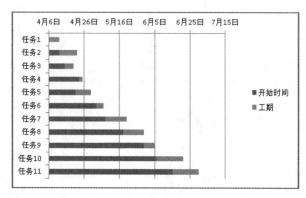

图 2-139 设置坐标轴格式后的效果

4. 设置数据系列格式

双击图表中的"开始时间"条形图,弹出"设置数据系列格式"对话框。在"系列选项"中设置"分类间距"值为 0,如图 2-140 所示;在"填充"中勾选"无填充"单选按钮,如图 2-141 所示。

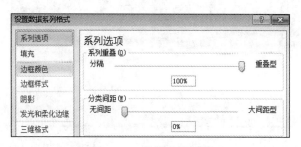

图 2-140 设置分类间距

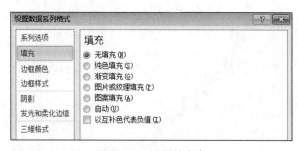

图 2-141 设置填充色

双击图表中的"工期"条形图,弹出"设置数据系列格式"对话框。在"填充"中勾选

"纯色填充"单选按钮，如图 2-142 所示；在"三维格式"中设置"棱台"三维格式，如图 2-143 所示。设置后的效果如图 2-144 所示。

图 2-142　设置填充色

图 2-143　设置棱台三维格式

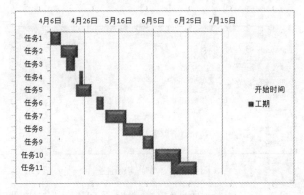

图 2-144　设置"工期"后的效果

5. 删除图例

选择图例，按 Delete 键删除图例。

6. 添加图表标题

单击"布局"选项卡下的"标签"组中的"图表标题"按钮，在弹出的下拉列表中选择"图表上方"命令，如图 2-145 所示。在图表上方添加标题，更改标题内容为"任务进度图"，设置后效果如图 2-146 所示。

图 2-145　插入图表标题

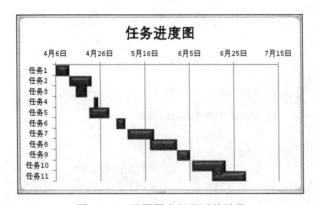

图 2-146　设置图表标题后的效果

7. 输入辅助列

单击 F2 单元格，输入当前系统日期公式"=TODAY()"，向下填充到 F12 单元格，如图 2-147 所示。

	A	B 开始时间	C 完成时间	D 工期	E	F
2	任务1	4月6日	4月12日	6		2018/5/12
3	任务2	4月12日	4月22日	10		2018/5/12
4	任务3	4月15日	4月20日	5		2018/5/12
5	任务4	4月23日	4月25日	2		2018/5/12
6	任务5	4月21日	4月30日	9		2018/5/12
7	任务6	5月3日	5月7日	4		2018/5/12
8	任务7	5月8日	5月20日	12		2018/5/12
9	任务8	5月18日	5月30日	12		2018/5/12
10	任务9	5月30日	6月5日	6		2018/5/12
11	任务10	6月6日	6月21日	15		2018/5/12
12	任务11	6月15日	6月30日	15		2018/5/12

图 2-147　添加辅助列

8. 选择数据

在图表中单击鼠标右键，弹出如图 2-148 所示的快捷菜单，在快捷菜单中选择"选择数据"命令，弹出"选择数据源"对话框，如图 2-149 所示。在该对话框中单击"添加"按钮，弹出"编辑数据系列"对话框，在对话框中分别设置"系列名称"和"系列值"，设置内容如图 2-150 所示，单击"确定"按钮，返回"选择数据源"对话框。在该对话框左侧"图例项"中多一个刚刚添加的"今天"系列，如图 2-151 所示。单击"确定"按钮，设置后图表效果如图 2-152 所示。

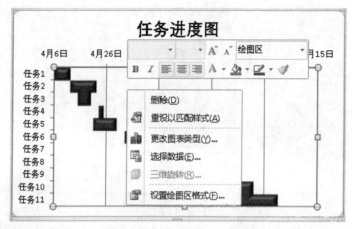

图 2-148　选择数据快捷菜单

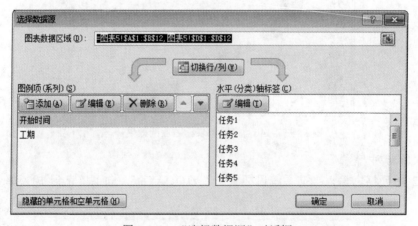

图 2-149　"选择数据源"对话框

图 2-150　"编辑数据系列"对话框

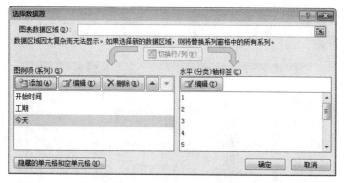

图 2-151　添加"今天"系列后的"选择数据源"对话框效果

图 2-152　添加"今天"系列后的图表

9．设置坐标轴格式

双击水平轴，在弹出的"设置坐标轴格式"对话框中设置"坐标轴选项"中的"最大值"和"最小值"，如图 2-153 所示。

图 2-153　设置坐标轴选项

在图 2-153 中选择"数字"命令，按图 2-154 所示设置"类别"和"类型"，然后单击"关闭"按钮。

右键单击图表中的"今天"系列，在弹出的快捷菜单中选择"设置数据系列格式"命令，弹出"设置数据系列格式"对话框，在该对话框中设置填充颜色为"红色"，透明度为50%，如图2-155所示。单击"关闭"按钮，设置后的图表效果如图2-156所示。

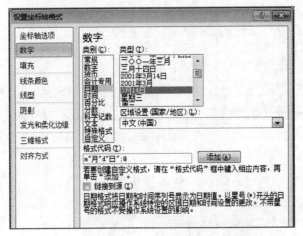

图2-154　设置数字格式

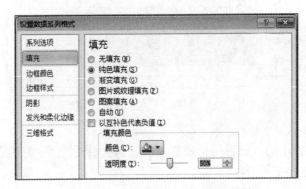

图2-155　"设置数据系列格式"对话框

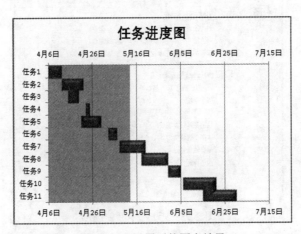

图2-156　设置后的图表效果

10．美化图表

双击图表区，弹出"设置图表区格式"对话框，在对话框中设置填充颜色、边框样式和阴影效果等。最终效果如图 2-134 所示。

2.8　数据透视表和数据透视图的制作

数据透视表可以将大量繁杂的数据转换成用不同方式进行汇总的交互式表格。它综合了排序、筛选、分类汇总等功能，因此常用于对数据进行分析，尤其在合计较大的列表并对每个数字进行多种比较时，使用数据透视表尤为方便。创建数据透视表后，用户可以从不同的角度对原始数据或单元格数据区域进行数据处理和重新安排。

数据透视图为关联数据透视表中的数据提供图形表示形式。数据透视图也是交互式的。创建数据透视图时，会显示数据透视图筛选窗格，可使用此筛选窗格对数据透视图的基础数据进行排序和筛选.对关联数据透视表中的布局和数据的更改将立即体现在数据透视图的布局和数据中，反之亦然。

切片器是易于使用的筛选组件，它包含一组按钮，能够快速地筛选数据透视表中的数据，而无需打开下拉列表来查找要筛选的项目。

当使用常规的数据透视表筛选器来筛选多个项目时，筛选器仅指示筛选了多个项目，必须打开一个下拉列表才能找到有关筛选的详细信息。然而，切片器可以清晰地标记已应用的筛选器，并提供详细信息，以便能够轻松地了解显示在已筛选的数据透视表中的数据。

下面介绍数据透视表、数据透视图和切片器的使用，效果如图 2-157 所示。

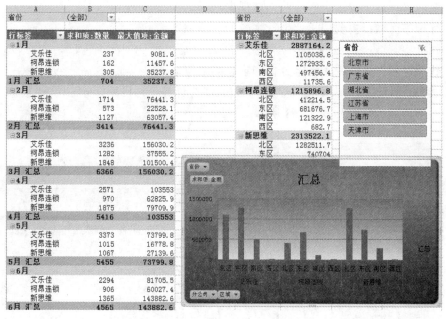

图 2-157　透视表、透视图和切片器

2.8.1　创建数据透视表

打开"销售数据表.xlsx"文件。选择"插入"选项卡下的"表格"组中的"数据透视表"项内的"数据透视表"命令，弹出"创建数据透视表"对话框。在对话框中选择数据区域，放置位置为"现有工作表",如图 2-158 所示,单击"确定"按钮。

1. 为数据透视表添加显示字段

在新的工作表中对数据透视表进行设置。在窗口右侧"数据透视表字段列表"中选择要添加到报表中的数据,如图 2-159 所示。

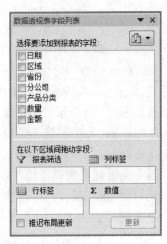

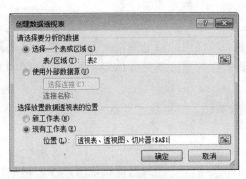

图 2-158　"创建数据透视表"对话框　　　　　图 2-159　数据透视表字段列表

数据透视表窗格有 4 个区域,各区域功能如下:

● 报表区域:主要用于确定数据透视表的筛选项。

● 行标签区域:主要用于定位行字段的显示位置。

● 列标签区域:主要用于定位列字段的显示位置。

● 数值区域:主要用于显示分析和汇总的数值数据。

如图 2-160 所示,"报表筛选"字段为省份,"行标签"为日期、分公司,"数值"为数量、金额,添加字段后的效果如图 2-161 所示。

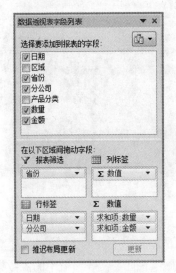

图 2-160　添加字段　　　　　　　　图 2-161　添加字段后的数据透视表

2．分组显示数据透视表

创建数据透视表后，用户可以根据需要创建分组，有利于对数据量比较大的数据表中的数据进行查看和分析。

选择要分组的数据，如日期（A6 单元格），右键单击，在弹出的快捷菜单中选择"创建组"命令，如图 2-162 所示。"分组"对话框中的"步长"选择月，单击"确定"按钮，如图 2-163 所示。设置后的数据透视表效果如图 2-164 所示。

图 2-162　创建组

图 2-163　"分组"对话框

行标签	求和项:数量	求和项:金额
省份	（全部）	
□1月	704	145620.9
艾乐佳	237	41148.1
柯昂连锁	162	35575
新思维	305	68897.8
□2月	3414	791869.4
艾乐佳	1714	341693.7
柯昂连锁	573	162082.3
新思维	1127	288093.4
□3月	6366	1162968
艾乐佳	3236	573778
柯昂连锁	1282	214388.8
新思维	1848	374801.2
□4月	5416	1223858.1
艾乐佳	2571	539147.1
柯昂连锁	970	212967.7
新思维	1875	471743.3
□5月	5455	989437.9
艾乐佳	3373	598716.7
柯昂连锁	1015	169265.1
新思维	1067	221456.1
□6月	4565	1584652.5
艾乐佳	2294	572448.8
柯昂连锁	906	354680.7
新思维	1365	657523
□7月	1617	518176.3
艾乐佳	875	220231.8
柯昂连锁	158	66937.2
新思维	584	231007.3
总计	27537	6416583.1

图 2-164　分组后的数据透视表

3．更改数据透视表的汇总方式

默认情况下，数值数据汇总方式为求和，文本数据汇总方式为计数。用户可以根据实际需要，在"值字段设置"对话框中更改汇总方式，如图 2-165 所示。

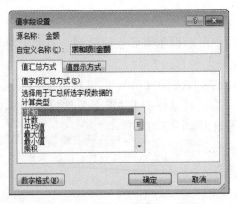

图 2-165 "值字段设置"对话框

在"数据透视表字段列表"窗格中的"数值"列表框中单击需要更改汇总方式的字段，在弹出的如图 2-166 所示的菜单的选择"值字段设置"命令，弹出"值字段设置"对话框，如图 2-167 所示。在"值汇总方式"选项卡下选择"最大值"，同时"自定义名称"右侧的文本框内容也同时更改。单击"确定"按钮，修改后效果如图 2-168 所示。

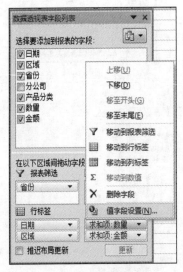

图 2-166 快捷菜单

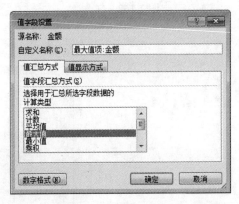

图 2-167 更改汇总方式

	A	B	C
1	省份	(全部)	▼
2			
3	行标签 ▼	求和项:数量	最大值项:金额
4	⊟2017/1/4	192	35237.8
5	艾乐佳	55	2436
6	柯昂连锁	8	1137.6
7	新思维	129	35237.8
8	⊟2017/1/5	70	11457.6
9	柯昂连锁	70	11457.6
10	⊟2017/1/6	1	432
11	艾乐佳	1	432
12	⊟2017/1/9	147	9081.6
13	艾乐佳	77	9081.6
14	柯昂连锁	8	1017.6
15	新思维	62	6122.3
16	⊟2017/1/12	42	2666

图 2-168 更改值汇总方式后的效果

4. 数据透视表的设计布局

（1）设置分类汇总的显示位置。单击"设计"选项卡下的"布局"组中的"分类汇总"按钮，弹出如图 2-169 所示的下拉菜单，用户可以设置是否显示分类汇总项或分类汇总项显示在底部还是顶部。本例中选择"在组的底部显示所有分类汇总"项，效果如图 2-170 所示。

	A	B	C
1	省份	(全部)	
3	行标签	求和项:数量	最大值项:金额
4	⊟1月		
5	艾乐佳	237	9081.6
6	柯昂连锁	162	11457.6
7	新思维	305	35237.8
8	1月 汇总	704	35237.8
9	⊟2月		
10	艾乐佳	1714	76441.3
11	柯昂连锁	573	22528.1
12	新思维	1127	63057.4
13	2月 汇总	3414	76441.3
14	⊟3月		
15	艾乐佳	3236	156030.2
16	柯昂连锁	1282	37555.2
17	新思维	1848	101500.4
18	3月 汇总	6366	156030.2

图 2-169　"分类汇总"下拉菜单　　　　图 2-170　选择"在组的底部显示所有分类汇总"的效果

（2）隐藏和显示统计记录。单击"设计"选项卡下的"布局"组中的"总计"按钮，弹出如图 2-171 所示的下拉菜单，用户可以设置是否显示总计和总计对行或对列的显示，本例中选择"仅对行启用"项，效果如图 2-172 所示。

	A	B	C	D
1	省份	(全部)		
2				
3	日期	分公司	求和项:数量	最大值项:金额
4	⊟1月	艾乐佳	237	9081.6
5		柯昂连锁	162	11457.6
6		新思维	305	35237.8
7	1月 汇总		704	35237.8
8	⊟2月	艾乐佳	1714	76441.3
9		柯昂连锁	573	22528.1
10		新思维	1127	63057.4
11	2月 汇总		3414	76441.3
12	⊟3月	艾乐佳	3236	156030.2
13		柯昂连锁	1282	37555.2
14		新思维	1848	101500.4
15	3月 汇总		6366	156030.2
16	⊟4月	艾乐佳	2571	103553
17		柯昂连锁	970	62825.9
18		新思维	1875	79709.9
19	4月 汇总		5416	103553
20	⊟5月	艾乐佳	3373	73799.8
21		柯昂连锁	1015	16778.8
22		新思维	1067	27139.6
23	5月 汇总		5455	73799.8
24	⊟6月	艾乐佳	2294	81705.5
25		柯昂连锁	906	60027.4
26		新思维	1365	143882.6
27	6月 汇总		4565	143882.6
28	⊟7月	艾乐佳	875	34721
29		柯昂连锁	158	24235.5
30		新思维	584	43313.6
31	7月 汇总		1617	43313.6

图 2-171　"总计"下拉菜单　　　　图 2-172　"总计"仅对行启用的效果

（3）更改数据透视表的报表布局。数据透视表默认情况下是以压缩形式显示。如果需要更改报表样式，单击"设计"选项卡下的"布局"组中的"报表布局"按钮，弹出如图 2-173

所示的下拉菜单，选择"以大纲形式显示"命令，效果如图 2-174 所示。

	A	B	C	D
1	省份	(全部)		
2				
3	日期	分公司	求和项:数量	最大值项:金额
4	⊟1月	艾乐佳	237	9081.6
5		柯昂连锁	162	11457.6
6		新思维	305	35237.8
7	1月 汇总		704	35237.8
8	⊟2月	艾乐佳	1714	76441.3
9		柯昂连锁	573	22528.1
10		新思维	1127	63057.4
11	2月 汇总		3414	76441.3
12	⊟3月	艾乐佳	3236	156030.2
13		柯昂连锁	1282	37555.2
14		新思维	1848	101500.4
15	3月 汇总		6366	156030.2
16	⊟4月	艾乐佳	2571	103553
17		柯昂连锁	970	62825.9
18		新思维	1875	79709.9
19	4月 汇总		5416	103553
20	⊟5月	艾乐佳	3373	73799.8
21		柯昂连锁	1015	16778.8
22		新思维	1067	27139.6
23	5月 汇总		5455	73799.8
24	⊟6月	艾乐佳	2294	81705.5
25		柯昂连锁	906	60027.4
26		新思维	1365	143882.6
27	6月 汇总		4565	143882.6
28	⊟7月	艾乐佳	875	34721
29		柯昂连锁	158	24235.5
30		新思维	584	43313.6
31	7月 汇总		1617	43313.6

图 2-173   "报表布局"下拉菜单   图 2-174   以大纲形式显示相关数据的效果

2.8.2　插入数据透视图

选择"插入"选项卡下的"表格"组中的"数据透视图"命令，弹出"创建数据透视表及数据透视图"对话框。在该对话框中选择数据区域，放置位置为"现有工作表"，如图 2-175所示，单击"确定"按钮。

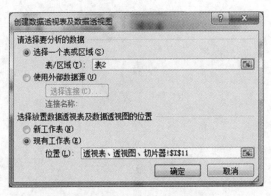

图 2-175   创建数据透视图

1. 为数据透视图添加显示字段

为数据透视图添加字段与为数据透视表添加字段操作相同，在"数据透视表字段列表"对话框中添加字段，如图 2-176 所示。设置后的数据透视图如图 2-177 所示。

2. 美化数据透视图

分别选择图表区和绘图区，对其进行格式设置，设置后效果如图 2-178 所示。

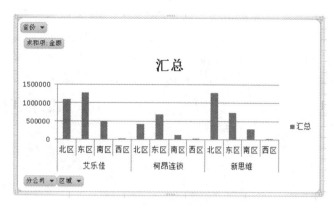

图 2-176　添加字段　　　　　　　　　　　　图 2-177　数据透视图

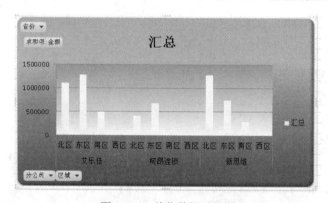

图 2-178　美化数据透视图

2.8.3　插入切片器及设置数据透视表间联动

1. 插入切片器

选择数据透视表，单击"数据透视表工具"下的"选项"选项卡下的"排序和筛选"组中的"插入切片器"按钮，在弹出的下拉列表中选择"插入切片器"命令，如图 2-179 所示。在弹出的"插入切片器"对话框中选择"省份"复选框，如图 2-180 所示，单击"确定"按钮。插入切片器后的效果如图 2-181 所示。

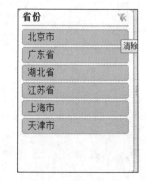

图 2-179　"插入切片器"命令　　图 2-180　"插入切片器"对话框　　图 2-181　插入切片器后的效果

2. 设置数据透视表间联动

选择切片器，单击"切片器工具"下的"选项"选项卡下的"切片器"组中的"数据透视表连接"按钮，如图 2-182 所示，弹出"数据透视表连接"对话框，勾选"数据透视表 1"和"数据透视表 2"复选框，如图 2-183 所示。当在"省份"切片器中选择某个省份后，数据透视表和数据透视图一起联动，筛选出相应的结果，如图 2-184 所示。

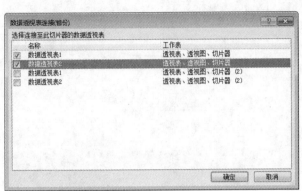

图 2-182 "切片器"组　　　　　　　　图 2-183 "数据透视表连接"对话框

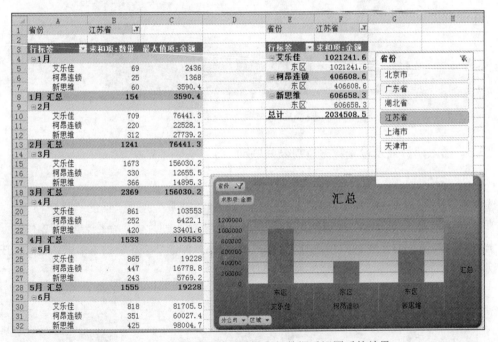

图 2-184 切片器连接数据透视表与数据透视图后的效果

第 3 章　PowerPoint 高级应用

扫码看视频

3.1　母版的设计与制作

幻灯片母版是幻灯片层次结构中的顶层幻灯片，用于存储有关演示文稿的主题和幻灯片版式的信息，包括背景、颜色、字体、效果、占位符大小和位置。

每个演示文稿至少包含一个幻灯片母版。母版的主要优点是可以对演示文稿中的每张幻灯片进行统一的样式更改。使用幻灯片母版时，由于无需在多张幻灯片上输入相同的信息，因此节省时间。

由于幻灯片母版影响整个演示文稿的外观，因此在创建和编辑幻灯片母版或相应版式时，应在"幻灯片母版"视图下操作。

1. 新建一个演示文稿

单击"视图"选项卡下的"母版视图"组中的"幻灯片母版"按钮，如图 3-1 所示，系统显示幻灯片母版视图，如图 3-2 所示。

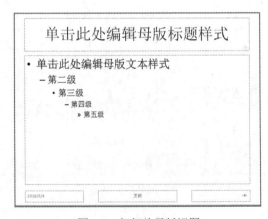

图 3-1　"幻灯片母版"按钮　　　　　　　　　图 3-2　幻灯片母版视图

2. 设置幻灯片母版标题样式和文本样式

选择母版标题文本框或选定母版标题文字，在"开始"选项卡下的"字体"组中对文本进行设置，字体为"微软雅黑"，字形为"常规"，效果为"阴影"，字号为"42"号字，颜色为"蓝色"，如图 3-3 所示。文本样式默认为 5 级，设置如图 3-4 所示。

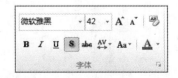

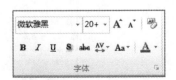

图 3-3　幻灯片母版标题样式设置　　　　　　图 3-4　文本样式设置

3. 更改项目符号

选中"单击此处编辑母版文本样式""第二级"……"第五级"内容，单击"开始"选项卡下的"段落"组中的"项目符号"的下三角按钮，如图 3-5 所示，在弹出的如图 3-6 所示的下拉列表中选择"项目符号和编号"命令。在弹出的"项目符号和编号"对话框中单击"自定义"按钮，如图 3-7 所示，在弹出的"符号"对话框中选择字体和符号，单击"确定"按钮，如图 3-8 所示。设置后效果如图 3-9 所示。

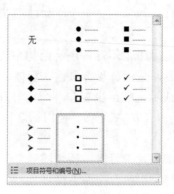

图 3-5　"段落"组　　　　　　　　　　　图 3-6　选择项目符号和编号

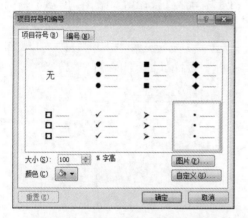

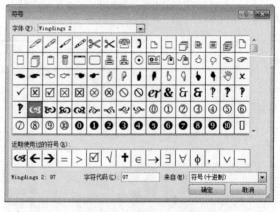

图 3-7　"项目符号和编号"对话框　　　　　图 3-8　"符号"对话框

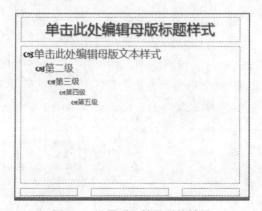

图 3-9　设置项目符号后的效果

4. 设置幻灯片统一的背景

选择"插入"选项卡下的"形状"组中的"矩形"命令，在幻灯片最上方插入矩形，如图 3-10 所示。右键单击矩形，在弹出的如图 3-11 所示的快捷菜单中选择"设置形状格式"命令，弹出"设置形状格式"对话框，设置"渐变填充"效果，如图 3-12 所示。同样方法在幻灯片最下方插入矩形，设置填充格式。选择矩形，单击右键，在弹出的快捷菜单中选择"置于底层"，如图 3-13 所示。设置后效果如图 3-14 所示。

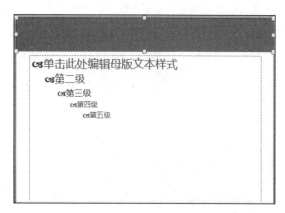

图 3-10　插入矩形

图 3-11　"设置形状格式"命令

图 3-12　"设置形状格式"对话框

图 3-13　快捷菜单

5. 设置母版的页眉和页脚

在"插入"选项卡下的"文本"组中单击"页眉和页脚"按钮，如图 3-15 所示，弹出"页眉和页脚"对话框，在该对话框中对"日期和时间"区、"页脚"区进行设置，也可以设置幻灯片是否显示编号，标题幻灯片中是否显示内容等，如图 3-16 所示。

图 3-14　设置后效果

图 3-15　插入页眉和页脚

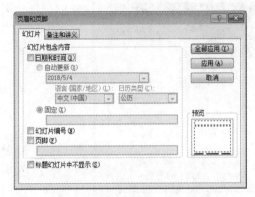

图 3-16　"页眉和页脚"对话框

6. 添加其他图案

在母版中插入形状或图片等，这些内容会出现在同类母版幻灯片的相应位置。选择"插入"选项卡下的"图片"或"形状"命令，在幻灯片中插入相关内容，调整其大小和位置即可。

7. 保存自定义的模板

单击"文件"选项卡下的"另存为"按钮，打开"另存为"对话框，选择"保存类型"为"PowerPoint 模板（*.potx）"，默认的保存路径为"…\Templates"，如图 3-17 所示（用户可以选择特定的目录进行保存），单击"保存"按钮即可。

图 3-17　"另存为"对话框

3.2　项目答辩演示文稿的制作

大学生在学校经常参加各种项目的比赛，在比赛中很多都是以演示文稿的
形式对自己的项目进行说明。下面以大学生创新创业项目答辩演示文稿为例，介绍项目类答辩
演示文稿的制作。

1. 设计演示文稿的大小

选择"设计"选项卡下的"页面设置"组中的"页面设置"命令，弹出页面设置对话框，
在该对话框中设置幻灯片大小和方向等。本项目设置内容如图 3-18 所示。

图 3-18　"页面设置"对话框

2. 设计演示文稿的标题页

标题页反映了演示文稿的中心内容，虽然标题页承载的信息简洁，但需要有较强的感染
力和表现力。标题页包含页面背景、标题文字、图形或图片等。

选择"视图"选项卡下的"母版视图"组中的"幻灯片母版"命令，进入幻灯片母版设
计状态，删除原有的格式信息，设计如图 3-19 所示的标题页。设计完成后，单击"编辑母版"
组中的"重命名"按钮，弹出"重命名版式"对话框，输入新的名字，如图 3-20 所示，单击
"重命名"按钮。

图 3-19　标题页　　　　　　　　图 3-20　"重命名版式"对话框

关闭幻灯片母版。插入"标题幻灯片"并输入相关的文字信息，如图 3-21 所示。

3. 设计演示文稿的目录页

目录页有着极其重要的作用，对于篇幅较长的演示文稿来说，目录必不可少。它可以让
读者简单、清晰地了解整个演示文稿的内容和框架结构。

图 3-21　标题幻灯片设置后效果

　　目录页一般要和演示文稿的整体风格保持统一。目录的主要部分是目录的要点，目录页通过要点展示整个演示文稿的结构。要点可以是简单的概括性文字，前面加上项目符号、图标或图片元素等，也可以用 SmartArt 图形生成。

　　选择"视图"选项卡下的"母版视图"组中的"幻灯片母版"命令，进入幻灯片母版设计状态，选择"空白"版式，删除原有的格式信息，设计如图 3-22 所示的目录页。设计完成后，单击"编辑母版"组中的"重命名"按钮，弹出"重命名版式"对话框，输入新的名字"目录页 1"，如图 3-23 所示，单击"重命名"按钮，关闭幻灯片母版。

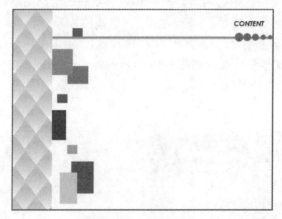

图 3-22　目录页

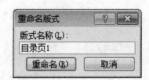

图 3-23　"重命名版式"对话框

　　插入目录页，在目录页中插入 SmartArt 图形中的"垂直框列表"类型，选择"SmartArt工具"中"设计"选项卡下的"更改颜色"命令，在弹出的下拉列表中选择"彩色"类中的最后一个，如图 3-24 所示，输入目录页相关文字信息，如图 3-25 所示。

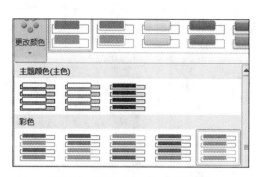

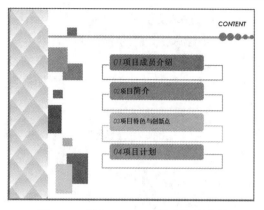

图 3-24 更改 SmartArt 图形颜色　　　　　图 3-25 插入 SmartArt 图后的目录页

4. 设计演示文稿的过渡页

过渡页在演示文稿中起到承上启下的作用，是内容换转的页面。在内容较多的演示文稿中，过渡页在各个部分之间起到衔接的作用，在设计过渡页中要注意和整个演示文稿保持风格统一。

单击"母版视图"组中的"幻灯片母版"按钮，进入幻灯片母版设计状态，编辑过渡页并重命名为"过渡页"，效果如图 3-26 所示。

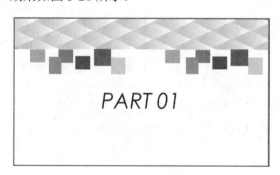

图 3-26 过渡页

分别设置过渡页的文字信息，效果如图 3-27 所示。

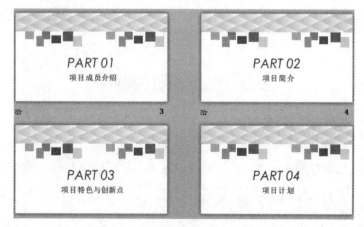

图 3-27 设置所有的过渡页后的效果

5. 设计演示文稿的内容页

内容页是演示文稿的主要部分。内容页与标题页、目录页和过渡页不同，它承载的信息量较大，页面中的元素较多，因此内容页的设计越简单越好，同时要和演示文稿保持风格统一。图 3-28 所示为设计的内容页效果。添加内容后的部分效果如图 3-29 所示。

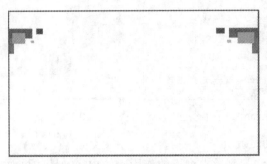

图 3-28　内容页效果

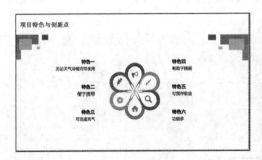
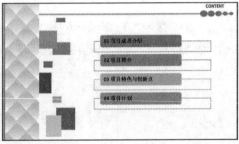
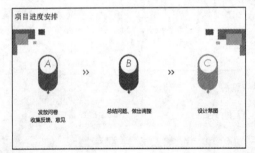

图 3-29　添加内容后的效果

扫码看视频

3.3　电子相册的制作

电子相册指可以在计算机上观赏的静止图片的特殊文档。其内容不局限于摄影照片，也可以包括各种艺术创作图片。电子相册具有传统相册无法比拟的优越性：图、文、声、像并茂的表现手法；随意修改编辑的功能；快速的检索方式；永不褪色的恒久保存特性；廉价复制分发的优越手段。

1. 创建电子相册

新建空白演示文稿。单击"插入"选项卡下的"图像"组中的"相册"按钮，在弹出的下拉列表中选择"新建相册"命令，如图 3-30 所示。在弹出的如图 3-31 所示的"相册"对话框中选择"文件/磁盘"命令，弹出"插入新图片"对话框，选择图片，单击"插入"按钮，如图 3-32 所示。

图 3-30　新建相册

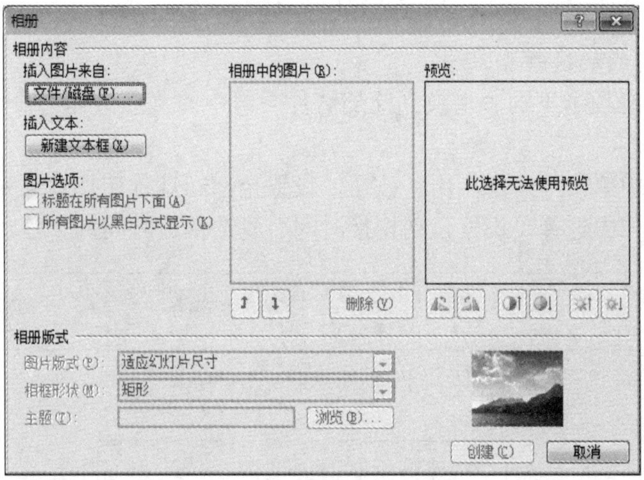

图 3-31　"相册"对话框

图 3-32　"插入新图片"对话框

插入图片后的"相册"对话框如图 3-33 所示。在该对话框中可以更改相册中图片的前后顺序、旋转图片、更改图片的亮度等。设置后单击"创建"按钮。

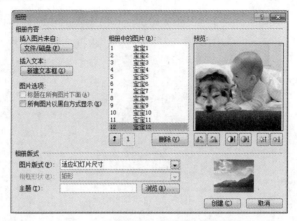

图 3-33　插入图片后的"相册"对话框

2. 设置幻灯片的切换效果

选择"切换"选项卡下的"切换到此幻灯片"组中的"立方体"命令，设置切换效果，如图 3-34 所示。

在"计时"组中单击"全部应用"按钮，设置全部幻灯片切换效果为"立方体"效果。

在"换片方式"中选择"设置自动切换时间"复选框，时间为 2 秒，如图 3-35 所示。

图 3-34　切换效果为"立方体"

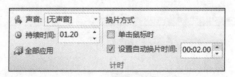

图 3-35　全部应用效果设置

3. 插入音频文件

选择第一张幻灯片，单击"插入"选项卡下的"媒体"组中的"音频"按钮，在弹出的下拉列表中选择"文件中的音频"，如图 3-36 所示。在弹出的"插入音频文件"对话框中选择要插入的音频文件，单击"插入"按钮。

选择插入后的音频文件，单击"播放"选项卡，在"音频选项"组中设置音频"自动"播放、勾选"放映时隐藏"复选框、勾选"循环播放，直到停止"复选框，如图 3-37 所示。

图 3-36　插入音频

图 3-37　音频文件的播放设置

选择"动画"选项卡下的"高级动画"组中的"动画窗格"命令，弹出"动画窗格"任务窗口；在该任务窗口中单击歌曲右侧的下三角形，在弹出的下拉列表中选择"效果选项"命令，如图 3-38 所示，弹出"播放音频"对话框；在该对话框中勾选"停止播放"选项下的"在 13 张幻灯片后"单选按钮，如图 3-39 所示；单击"确定"按钮，完成设置。

图 3-38　"效果选项"命令

图 3-39　"播放音频"对话框

4. 播放幻灯片

单击"幻灯片放映"选项卡下的"开始放映幻灯片"组中的"从头开始"按钮，播放幻灯片。

第 4 章　全国计算机二级考试真题

4.1　第 1 套考试真题

4.1.1　字处理题

在某旅行社就职的小许为了开发德国旅游业务，在 Word 中整理了介绍德国主要城市的文档，按照如下要求帮助他对这篇文档进行完善。

1. 在考生文件夹下，将"Word 素材.docx"文件另存为"Word.docx"（"docx"为扩展名），后续操作均基于此文件。

2. 修改文档的页边距，上、下页边距均为 2.5 厘米，左、右页边距均为 3 厘米。

3. 将文档标题"德国主要城市"设置为如下格式：

字　体	微软雅黑、加粗
字　号	小初
对齐方式	居中
文本效果	填充颜色为橄榄色，强调文字颜色 3、轮廓为文本 2
字符间距	加宽，6 磅
段落间距	段前间距为 1 行，段后间距为 1.5 行

4. 将文档第 1 页中的绿色文字内容转换为 2 列 4 行的表格，并进行如下设置（参考考生文件夹下的"表格效果.png"示例）。

（1）设置表格居中对齐，表格宽度为页面的 80%，并取消所有的框线。

（2）使用考生文件夹中的图片"项目符号.png"作为表格中文字的项目符号，并设置项目符号的字号为小一号。

（3）设置表格中的文字颜色为黑色，字体为方正姚体，字号为二号，在单元格内中部两端对齐，并左侧缩进 2.5 字符。

（4）修改表格内容的中文版式，将文本对齐方式调整为居中对齐。

（5）在表格的上、下方插入恰当的横线作为修饰。

（6）在表格后插入分页符，使得正文内容从新页面开始。

5. 为文档中所有红色文字内容应用新建的样式，要求按如下格式设置（效果可参考考生文件夹的"城市名称.png"示例）。

样式名称	城市名称
字　体	微软雅黑
字　号	三号
字体颜色	深蓝，文字 2
段落格式	段前、段后间距为 0.5 行，行距为固定值 18 磅，并取消相对于文档网格的对齐，设置与下段同页，大纲级别为 1 级
边　框	边框类型为方框，颜色为"深蓝、文字 2"，左框线宽度为 4.5 磅，下框线宽度为 1 磅，框线紧贴文字（到文字间距磅值为 0），取消上方和右侧框线
底　纹	填充颜色为"蓝色，强调文字颜色 1，淡色 80%，图案样式为 5%"，颜色为自动

6．为文档正文中除蓝色文本以外的所有文本应用新建立的样式，具体要求如下。

样式名称	城市介绍
字　号	小四号
段落格式	两端对齐，首行缩进 2 字符，段前、段后间距为 0.5 行，并取消相对于文档网格的对齐

7．取消标题"柏林"下方蓝色文本段落中的所有超链接，并按如下要求设置格式（效果可参考考生文件夹中的"柏林一览.png"示例）。

设置并应用段落制表位	8 字符，左对齐，第 5 个前导符样式
	18 字符，左对齐，无前导符
	28 字符，左对齐，第 5 个前导符样式
设置文字宽度	将第 1 列文字宽度设置为 5 字符
	将第 3 列文字宽度设置为 4 字符

8．将标题"慕尼黑"下方的文本"Muenchen"修改为"München"。

9．在标题"波茨坦"下方显示名为"会议图片"的隐藏图片。

10．为文档设置"阴影"型页面边框及恰当的页面颜色，并设置打印时可以显示；保存"Word.docx"文件。

11．将"Word.docx"文件以名"笔划顺序.docx"另存到考生文件夹；在"笔划顺序.docx"文件中，将所有的城市名称标题（包含下方的介绍文字）按照笔划升序排列，并删除该文档第一页中的表格对象。

4.1.2　电子表格题

小李今年毕业后，在一家计算机图书销售公司担任市场部助理，主要的工作职责是为部门经理提供销售信息的分析和汇总。

请你根据销售数据报表（"Excel.xlsx"文件）按照如下要求完成统计和分析工作。

1．对"订单明细表"工作表进行格式调整，通过套用表格格式方法将所有的销售记录调整为一致的外观格式，并将"单价"列和"小计"列所包含的单元格调整为"会计专用"（人民币）数字格式。

2．根据图书编号，请在"订单明细表"工作表的"图书名称"列中，使用 VLOOKUP 函数完成图书名称的自动填充。"图书名称"和"图书编号"的对应关系在"编号对照"工作表中。

3．根据图书编号，请在"订单明细表"工作表的"单价"列中，使用 VLOOKUP 函数完成图书单价的自动填充。"单价"和"图书编号"的对应关系在"编号对照"工作表中。

4．在"订单明细表"工作表的"小计"列中，计算每笔订单的销售额。

5．根据"订单明细表"工作表中的销售数据，统计所有订单的总销售金额，并将其填写在"统计报告"工作表的 B3 单元格中。

6．根据"订单明细表"工作表中的销售数据，统计《MS Office 高级应用》图书在 2012 年的总销售额，并将其填写在"统计报告"工作表的 B4 单元格中。

7．根据"订单明细表"工作表中的销售数据，统计隆华书店在 2011 年第 3 季度的总销售额，并将其填写在"统计报告"工作表的 B5 单元格中。

8．根据"订单明细表"工作表中的销售数据，统计隆华书店在 2011 年的每月平均销售额（保留 2 位小数），并将其填写在"统计报告"工作表的 B6 单元格中。

9．保存"Excel.xlsx"文件。

4.1.3 演示文稿题

第十二届全国人民代表大会第三次会议政府工作报告中看点众多，精彩纷呈。为了更好地宣传大会精神，新闻编辑小王需制作一个演示文稿，素材放于考生文件夹下的"文本素材.docx"图片文件也放于考生文件夹下。具体要求如下。

1．演示文稿共包含八张幻灯片，分为 5 节，节名分别为标题、第一节、第二节、第三节、致谢，各节所包含的幻灯片页数分别为 1、2、3、1、1 张；每一节的幻灯片设为同一种切换方式，节与节的幻灯片切换方式均不同；设置幻灯片主题为"角度"。将演示文稿保存为"图解 2015 施政要点.pptx"，后续操作均基于此文件。

2．第 1 张幻灯片为标题幻灯片，标题为"图解今年年施政要点"，字号不小于 40；副标题为"2015 年两会特别策划"，字号为 20。

3．"第一节"下的两张幻灯片，标题为"一、经济"，展示考生文件夹下的"Eco1.jpg－Eco6.jpg"的图片内容。每张幻灯片包含 3 幅图片，图片在锁定纵横比的情况下高度不低于 125px；设置第一张幻灯片中 3 幅图片的样式为"剪裁对角线，白色"；第二张中 3 幅图片的样式为"棱台矩形"；设置每幅图片的进入动画效果为"上一动画之后"。

4．"第二节"下的三张幻灯片，标题为"二、民生"，其中第一张幻灯片内容为考生文件夹下的"Ms1.jpg－Ms6.jpg"的图片，图片大小设置为 100px（高）*150px（宽），样式为"居中矩形阴影"，每幅图片的进入动画效果为"上一动画之后"；在第二、三张幻灯片中，利用"垂直图片列表"SmartArt 图形展示"文本素材.docx"中的"养老金"到"环境保护"七个要点，图片对应考生文件夹下的"Icon1.jpg－Icon7.jpg"图片，每个要点的文字内容有两级，对应关系与素材保持一致。要求第二张幻灯片展示 3 个要点，第三张展示 4 个要点；设置 SmartArt 图形进入动画效果为"逐个""与上一动画同时"。

5．"第三节"下的幻灯片，标题为"三、政府工作需要把握的要点"，内容为"垂直框列表" SmartArt 图形，对应文字参考考生文件夹下"文本素材.docx"。设置 SmartArt 图形的进入动画效果为"逐个""与上一动画同时"。

6．"致谢"节下的幻灯片，标题为"谢谢!"，内容为考生文件夹下的"End.jpg"图片，图片样式为"映像圆角矩形"。

7．除标题幻灯片外，在其他幻灯片的页脚处显示页码。

8．设置幻灯片为循环放映方式，每张幻灯片的自动切换时间为 10 秒钟。

4.2　第 2 套考试真题

4.2.1　字处理题

2012 级企业管理专业的林楚楠同学选修了"供应链管理"课程，并撰写了题目为"供应链中的库存管理研究"的课程论文。论文的排版和参考文献还需要进一步修改，根据以下要求帮助林楚楠对论文进行完善。

1．在考生文件夹下，将文档"Word 素材.docx"另存为"Word.docx"（"docx"为扩展名），此后所有操作均基于该文档。

2．为论文创建封面，将论文题目、作者姓名和作者专业放置在文本框中，并居中对齐。文本框的环绕方式为四周型，在页面中的对齐方式为左右居中。在页面的下边插入图片"图片 1.jpg"，环绕方式为四周型，并应用一种映像效果。整体效果可参考示例文件"封面效果.docx"。

3．对文档内容进行分节，使得"封面""目录""图表目录""摘要""1．引言""2．库存管理的原理和方法""3．传统库存管理存在的问题""4．供应链管理环境下的常用库存管理方法""5．结论""参考书目"和"专业词汇索引"各部分的内容都位于独立的节中，且每节都从新的一页开始。

4．修改文档中样式为"正文文字"的文本，使其首行缩进 2 字符，段前和段后的间距为 0.5 行；修改"标题 1"样式，将其自动编号的样式修改为"第 1 章，第 2 章，第 3 章，……"；修改标题 2.1.2 下方的编号列表，使用自动编号，样式为"1)、2)、3)、……"；复制考生文件夹下"项目符号列表.docx"文档中的"项目符号列表"样式到论文中，并应用于标题 2.2.1 下方的项目符号列表。

5．将文档中的所有脚注转换为尾注，并使其位于每节的末尾；在"目录"节中插入"流行"格式的目录，替换"请在此插入目录!"文字；目录中需包含各级标题和"摘要""参考书目"以及"专业词汇索引"，其中"摘要""参考书目"和"专业词汇索引"在目录中需和标题 1 同级别。

6．使用题注功能修改图片下方的标题编号，以便其编号可以自动排序和更新；在"图表目录"节中插入格式为"正式"的图表目录；使用交叉引用功能，修改图表上方正文中对于图表标题编号的引用（已经用黄色底纹标记），以便这些引用能够在图表标题的编号发生变化时可以自动更新。

7．将文档中所有的文本"ABC 分类法"都标记为索引项；删除文档中文本"供应链"的索引项标记；更新索引。

8. 在文档的页脚正中插入页码，要求封面页无页码；目录和图表目录部分使用"Ⅰ、Ⅱ、Ⅲ、……"格式；正文以及参考书目和专业词汇索引部分使用"1、2、3、……"格式。

9. 删除文档中的所有空行。

4.2.2 电子表格题

期末考试结束了，初三（14）班的班主任助理王老师需要对本班学生的各科考试成绩进行统计分析，并为每个学生制作一份成绩通知单下发给家长。按照下列要求完成该班的成绩统计工作并按原文件名进行保存。

1. 打开工作簿"学生成绩.xlsx"，在最左侧插入一个空白工作表，重命名为"初三学生档案"，并将该工作表标签颜色设为"紫色（标准色）"。

2. 将以制表符分隔的文本文件"学生档案.txt"自 A1 单元格开始导入到工作表"初三学生档案"中，注意不得改变原始数据的排列顺序。将第 1 列数据从左到右依次分成"学号"和"姓名"两列显示。最后创建一个名为"档案"、包含数据区域 A1:G56 和标题的表，同时删除外部链接。

3. 在工作表"初三学生档案"中，利用公式及函数依次输入每个学生的性别"男"或"女"、出生日期"××××年××月××日"和年龄。其中：身份证号的倒数第 2 位用于判断性别，奇数为男性，偶数为女性；身份证号的第 7~14 位代表出生年月日；年龄需要按周岁计算，满 1 年才计 1 岁。最后适当调整工作表的行高和列宽、对齐方式等，以方便阅读。

4. 参考工作表"初三学生档案"，在工作表"语文"中输入与学号对应的"姓名"；按照平时、期中、期末成绩各占 30%、30%、40%的比例计算每个学生的"学期成绩"并填入相应单元格中；按成绩由高到低的顺序统计每个学生的"学期成绩"排名并按"第 n 名"的形式填入"班级名次"列中；按照下列条件填写"期末总评"。

语文、数学的学期成绩	其他科目的学期成绩	期末总评
≥102	≥90	优秀
≥84	≥75	良好
≥72	≥60	及格
<72	<60	不合格

5. 将工作表"语文"的格式全部应用到其他科目工作表中，包括行高（各行行高均为 22 默认单位）和列宽（各列列宽均为 14 默认单位），并按上述"4."中的要求依次输入或统计其他科目的"姓名""学期成绩""班级名次"和"期末总评"。

6. 分别将各科的"学期成绩"引入到工作表"期末总成绩"的相应列中，在工作表"期末总成绩"中依次引入姓名、计算各科的平均分、每个学生的总分，并按成绩由高到低的顺序统计每个学生的总分排名、并以"1、2、3、……"形式标识名次，最后将所有成绩的数字格式设为数值、保留两位小数。

7. 在工作表"期末总成绩"中分别用红色（标准色）和加粗格式标出各科第一名成绩。同时将前 10 名的总分成绩用浅蓝色填充。

8. 调整工作表"期末总成绩"的页面布局以便打印：纸张方向为横向，缩减打印输出使得所有列只占一个页面宽（但不得缩小列宽），水平居中打印在纸上。

4.2.3　演示文稿题

文小雨加入了学校的旅游社团组织，正在参与组织暑期到台湾日月潭的夏令营活动，现在需要制作一份关于日月潭的演示文稿。根据以下要求，并参考"参考图片.docx"文件中的样例效果，完成演示文稿的制作。

1. 新建一个空白演示文稿，命名为"PPT.pptx"，保存在考生文件夹中。

2. 演示文稿包含 8 张幻灯片，第 1 张版式为"标题幻灯片"，第 2、3、5、6 张为"标题和内容版式"，第 4 张为"两栏内容"版式，第 7 张为"仅标题"版式，第 8 张为"空白"版式；每张幻灯片中的文字内容，可以从考生文件夹下的"PPT_素材.docx"文件中找到，并参考样例效果将其置于适当的位置；对所有幻灯片应用名称为"流畅"的内置主题；将所有文字的字体统一设置为"幼圆"。

3. 在第 1 张幻灯片中，参考样例将考生文件夹下的"图片 1.png"插入到适合的位置，并应用恰当的图片效果。

4. 将第 2 张幻灯片中标题下的文字转换为 SmartArt 图形，布局为"垂直曲型列表"，并应用"白色轮廓"的样式，字体为"幼圆"。

5. 将第 3 张幻灯片中标题下的文字转换为表格，表格的内容参考样例文件，取消表格的标题行和镶边行样式，并应用镶边列样式；表格单元格中的文本水平和垂直方向都居中对齐，中文设为"幼圆"字体，英文设为 Arial 字体。

6. 在第 4 张幻灯片的右侧，插入考生文件夹下名为"图片 2.png"的图片，并应用"圆形对角，白色"的图片样式。

7. 参考样例文件效果，调整第 5 和 6 张幻灯片标题下文本的段落间距，并添加或取消相应的项目符号。

8. 在第 5 张幻灯片中，插入考生文件夹下的"图片 3.png"和"图片 4.png"，参考样例文件，将它们置于幻灯片中适合的位置；将"图片 4.png"置于底层，并对"图片 3.png"（游艇）应用"飞入"的进入动画效果，以便在播放到此张幻灯片时，游艇能够自动从左下方进入幻灯片页面；在游艇图片上方插入"椭圆形标注"，使用短划线轮廓，并在其中输入文本"开船啰！"，然后为其应用一种适合的进入动画效果，并使其在游艇飞入页面后能自动出现。

9. 在第 6 张幻灯片的右上角，插入考生文件夹下的"图片 5.gif"，并将其到幻灯片上侧边缘的距离设为 0 厘米。

10. 在第 7 张幻灯片中，插入考生文件夹下的"图片 6.png""图片 7.png"和"图片 8.png"，参考样例文件，为其添加适当的图片效果并进行排列，将它们顶端对齐，图片之间的水平间距相等，左右两张图片到幻灯片两侧边缘的距离相等；在幻灯片右上角插入考生文件夹下的"图片 9.gif"，并将其顺时针旋转 300 度。

11. 在第 8 张幻灯片中，将考生文件夹下的"图片 10.png"设为幻灯片背景，并将幻灯片中的文本应用一种艺术字样式，文本居中对齐，字体为"幼圆"；为文本框添加白色填充色和透明效果。

12. 为演示文稿第 2～8 张幻灯片添加"涟漪"的切换效果，首张幻灯片无切换效果；为所有幻灯片设置自动换片，换片时间为 5 秒；为除首张幻灯片之外的所有幻灯片添加编号，编号从 1 开始。

4.3 第3套考试真题

4.3.1 字处理题

某单位的办公室秘书小马接到领导的指示，要求其提供一份最新的中国互联网络发展状况统计情况。小马从网上下载了一份未经整理的原稿，按下列要求帮助他对该文档进行排版操作并按指定的文件名进行保存。

1．打开考生文件夹下的文档"Word 素材.docx"，将其另存为"中国互联网络发展状况统计报告.docx"，后续操作均基于此文件。

2．按下列要求进行页面设置：纸张大小 A4，对称页边距，上、下边距均为 2.5 厘米，内侧边距为 2.55 厘米、外侧边距为 2 厘米，装订线为 1 厘米，页眉、页脚均距边界 1.1 厘米。

3．文稿中包含 3 个级别的标题，其文字分别用不同的颜色显示。按下述要求对书稿应用样式、并对样式格式进行修改。

文字颜色	样式	格式
红色（章标题）	标题1	小二号字、华文中宋、不加粗，标准深蓝色、段前 1.5 行、段后 1 行，行距最小值 12 磅，居中，与下段同页
蓝色[用一、二、三、---标示段落]	标题2	小三号字、华文中宋、不加粗、标准深蓝色，段前 1 行、段后 0.5 行，行距最小值 12 磅
绿色[用（一）、（二）、（三）、---标示段落]	标题3	小四号字、宋体、加粗，标准深色蓝色，---标示段落前 12 磅、---标示段落后 6 磅，行距最小值 12 磅
除上述三个级别标题外的所有正文（不含表格、图表及题注）	正文	仿宋体，首行缩进 2 字符、1.25 倍行距、段后 6 磅、两端对齐

4．为书稿中用黄色底纹标出的文字"手机上网比例首超传统 PC"添加脚注。脚注位于页面底部，编号格式为 1、2，内容为"最近半年使用过台式机或笔记本或同时使用台式机和笔记本的网民统称为传统 PC 用户"。

5．将考试文件夹下的图片"Pic1.png"插入到书稿中用浅绿色底纹标出的文字"调查总体细分图示"上方的空行中。在说明文字"调查总体细分图示"左侧添加格式如"图 1""图 2"的题注，添加完毕，将样式"题注"的格式修改为楷体、小五号字、居中。在图片上方用浅绿色底纹标出的文字的适当位置用该题注。

6．根据第 2 章中的表 1 内容生成一张如示例文件"chart.png"所示的图表，插入到表格后的空行中，并居中显示。要求图表的标题、纵坐标轴和折线图的格式和位置与示例图相同。

7．参照示例文件"cover.png"，为文档设计封面、并对前言进行适当的排版。封面和前言必须位于同一节中，且无页眉页脚和页码。封面上的图片可取自考生文件下的文件"Logo.jpg"，并应进行适当的剪裁。

8．在前言内容与报告摘要之间插入自动目录，要求包含标题第 3 级及对应页码，目录的页眉页脚按下列格式设计：页脚居中显示大写罗马数字"I、II、III、……"格式的页码；起始页码为 I，且自奇数页码开始；页眉居中插入文档标题属性信息。

9．自报告摘要开始为正文。为正文设计下述格式的页码：自奇数页码开始，起始页码为1，页码格式为阿拉伯数字"1、2、3、……"。偶数页页眉内容依次显示：页码、一个全角空格、文档属性中的作者信息，居左显示。奇数页页眉内容依次显示：章标题、一个全角空格、页码，居右显示，并在页眉内容下添加横线。

10．将文稿中所有的西文空格删除，然后对目录进行更新。

4.3.2　电子表格题

销售部助理小王需要针对公司上半年产品销售情况进行统计分析，并根据全年销售计划进行评估。按照如下要求完成该项工作。

1．在考生文件夹下，打开"Excel 素材.xlsx"文件，将其另存为"Excel.xlsx"，之后所有的操作均基于此文件。

2．在"销售业绩表"工作表的"个人销售总计"列中，通过公式计算每名销售人员 1～6 月的销售总和。

3．依据"个人销售总计"列的统计数据，在"销售业绩表"工作表的"销售排名"列中通过公式计算销售排行榜。个人销售总计排名第一的，显示"第 1 名"，个人销售总计排名第二的，显示"第 2 名"，以此类推。

4．在"按月统计"工作表中，利用公式计算 1～6 月的销售达标率，即销售额大于 60000元的人数所占比例，并填写在"销售达标率"行中。要求以百分比格式显示计算数据，并保留2 位小数。

5．在"按月统计"工作表中，分别通过公式计算各月排名第 1、第 2 和第 3 的销售业绩，并填写在"销售第一名业绩""销售第二名业绩"和"销售第三名业绩"所对应的单元格中。要求使用人民币会计专用数据格式，并保留 2 位小数。

6．依据"销售业绩表"中的数据明细，在"按部门统计"工作表中创建一个数据透视表，并将其放置于 A1 单元格。要求可以统计出各部门的人员数量，以及各部门的销售额占销售总额的比例。数据透视表效果可参考"按部门统计"工作表中的样例。

7．在"销售评估"工作表中创建一标题为"销售评估"的图表，借助此图表可以清晰反映每月"A 类产品销售额"和"B 类产品销售额"之和与"计划销售额"的对比情况。图表效果可参考"销售评估"工作表中的样例。

4.3.3　演示文稿题

培训部会计师魏女士正在准备有关高新技术企业科技政策的培训课件，相关资料存放在Word 文档"PPT 素材.docx"中。按下列要求帮助魏女士完成 PPT 课件的整合制作。

1．创建一个名为"PPT.pptx"的新演示文稿，该演示文稿需要包含 Word 文档"PPT 素材.docx"中的所有内容，每一张幻灯片对应 Word 文档中的一页，其中 Word 文档中应用了"标题 1""标题 2""标题 3"样式的文本内容分别对应演示文稿中的每页幻灯片标题文字、第一级文本内容、第二级文本内容。

2．将第 1 张幻灯片的版式设为"标题幻灯片"，在该幻灯片的右下角插入任意一幅剪贴画，依次为标题、副标题和新插入的图片设置不同的动画效果，其中副标题作为一个对象发送，并且指定动画出现的顺序为图片、副标题、标题。

3．将第 2 张幻灯片的版式设为"两栏内容"，参考原 Word 文档"PPT 素材.docx"第 2 页中的图片将文本置于左右两栏文本框中，并分别依次转换为"垂直框列表"和"射线维恩图"类的 SmartArt 图形，适当改变 SmartArt 图形的样式和颜色，令其更加美观。分别将文本"高新技术企业认定"和"技术合同登记"链接到相同标题的幻灯片。

4．将第 3 张幻灯片中的第 2 段文本向右缩进一级，用标准红色字体显示，并为其中的网址增加正确的超链接，使其链接到相应的网站。要求超链接颜色未访问前保持为标准红色，访问后变为标准蓝色。为本张幻灯片的标题和文本内容添加不同的动画效果，并令正文文本内容按第二级段落，伴随着"锤打"声逐段显示。

5．将第 6 张幻灯片的版式设为"标题和内容"，参照原 Word 文档"PPT 素材.docx"第 6 页中的表格样例将相应内容（可适当增删）转换为一个表格，并为该表格添加任一动画效果。将第 11 张幻灯片的版式设为"内容与标题"，将考生文件夹下的图片文件"Pic1.png"插入到右侧的内容区中。

6．在每张幻灯片的左上角添加事务所的标志图片"Logo.jpg"，设置其位于最底层以免遮挡标题文字。除标题幻灯片外，其他幻灯片均包含幻灯片编号、自动更新的日期，日期格式为"XXXX 年 XX 月 XX 日"。

7．将演示文稿按下列要求分 6 节，分别为每节应用不同的设置主题和幻灯片切换方式。

节名	包含的幻灯片
高新科技政策简介	1～3
高新技术企业认定	4～12
技术先进型服务企业认定	13～19
研发经费加计扣除	20～24
技术合同登记	25～32
其他政策	33～38

4.4　第 4 套考试真题

4.4.1　字处理题

刘老师正准备制作家长会通知，根据考生文件夹下的相关资料及示例，按下列要求帮助刘老师完成编辑操作。

1．将考生文件夹下的"Word 素材.docx"文件另存为"Word.docx"（"docx"为扩展名），除特殊指定外后续操作均基于此文件。

2．将纸张大小设为 A4，上、左、右边距均为 2.5 厘米，下边距为 2 厘米，页眉、页脚分别距边界 1 厘米。

3．插入"空白（三栏）"型页眉，在左侧的内容控件中输入学校名称"北京市向阳路中学"，删除中间的内容控件，在右侧插入考生文件夹下的图片"Logo.gif"代替原来的内容控件，适当剪裁图片的长度，使其与学校名称共占用一行。将页眉下方的分隔线设为标准红色、

2.25 磅、上宽下细的双线型。插入"瓷砖型"页脚，输入学校地址"北京市海淀区中关村北大街 55 号　邮编：100871"。

4. 对包含绿色文本的成绩报告单表格进行下列操作：根据窗口大小自动调整表格宽度，且令语文、数学、英语、物理、化学 5 科成绩所在的列等宽。

5. 将通知最后的蓝色文本转换为一个 6 行 6 列的表格，并参照考生文件夹下的文档"回执样例.png"进行版式设置。

6. 在"尊敬的"和"学生家长"之间插入学生姓名，在"期中考试成绩报告单"的相应单元格中分别插入学生姓名、学号、各科成绩、总分，以及各科的班级平均分，要求通知中所有成绩均保留两位小数。学生姓名、学号、成绩等信息存放在考生文件夹下的 Excel 文档"学生成绩表.xlsx"中。（提示：班级各科平均分位于成绩表的最后一行）。

7. 按照中文的行文习惯，对家长会通知主文档"Word.docx"中的红色标题及黑色文本内容的字体、字号、颜色、段落间距、缩进、对齐方式等格式进行修改，使其看起来美观且易于阅读。要求整个通知只占用一页。

8. 仅为其中学号为 C121401－C121405、C121416－C121420、C121440－C121444 的 15 位同学生成家长会通知，要求每位学生占 1 页内容。将所有通知页面另外保存在一个名为"正式家长会通知.docx"的文档中（如果有必要，应删除"正式家长会通知.docx"文档中的空白页面）。

9. 文档制作完成后，分别保存"Word.docx"和"正式家长会通知.docx"两个文档至考生文件夹下。

4.4.2　电子表格题

每年年终，太平洋公司都会给在职员工发放年终奖金。公司会计小任负责计算工资奖金的个人所得税并为每位员工制作工资条。按照下列要求完成工资奖金的计算以及工资条的制作。

1. 在考生文件夹下，将"Excel 素材.xlsx"文件另存为"Excel.xlsx"（"xlsx"为扩展名），后续操作均基于此文件。

2. 在最左侧插入一个空白工作表，重命名为"员工基础档案"，并将该工作表标签颜色设为标准红色。

3. 将以分隔符分隔的文本文件"员工档案.csv"自 A1 单元格开始导入到工作表"员工基础档案"中。将第 1 列数据从左到右依次分成"工号"和"姓名"两列显示；将工资列的数字格式设为不带货币符号的会计专用，适当调整行高和列宽；最后创建一个名为"档案"、包含数据区域 A1:N102 和标题的表，同时删除外部链接。

4. 在工作表"员工基础档案"中，利用公式及函数依次输入每个学生的性别"男"或"女"，出生日期"××××年××月××日"，每位员工截止 2015 年 9 月 30 日的年龄、工龄工资、基本月工资。其中：

（1）身份证号的倒数第 2 位用于判断性别，奇数为男性，偶数为女性。

（2）身份证号的第 7～14 位代表出生年月日。

（3）年龄需要按周岁计算，满 1 年才计 1 岁，每月按 30 天、一年按 360 天计算。

（4）工龄工资的计算方法：本公司工龄达到或超过 30 年的每满一年每月增加 50 元，不足 10 年的每满一年每月增加 20 元，工龄不满 1 年的没有工龄工资，其他为每满一年每月增加 30 元。

（5）基本月工资 = 签约月工资 + 月工龄工资。

5. 参照工作表"员工基础档案"中的信息，在工作表"年终奖金"中输入与工号对应的员工姓名、部门、月基本工资，按照年基本工资总额的 15% 计算每个员工的年终应发奖金。

6. 在工作表"年终奖金"中，根据工作表"个人所得税税率"中的对应关系计算每个员工年终奖金应交的个人所得税、实发奖金，并填入 G 列和 H 列。年终奖金目前的计税方法：

（1）年终奖金的月应税所得额 = 全部年终奖金÷12。

（2）根据步骤（1）计算得出的月应税所得额在个人所得税税率表中找到对应的税率。

（3）年终奖金应交个税 = 全部年终奖金×月应税所得额的对应税率－对应速算扣除数。

（4）实发奖金 = 应发奖金－应交个税

7. 根据工作表"年终奖金"中的数据，在"12 月工资表"中依次输入每个员工的"应发年终奖金""奖金个税"，并计算员工的"实发工资奖金"总额（实发工资奖金=应发工资奖金合计－扣除社保－工资个税－奖金个税）。

8. 基于工作表"12 月工资表"中的数据，从工作表"工资条"的 A2 单元格开始依次为每位员工生成样例所示的工资条，要求每张工资条占用两行、内外均加框线，第 1 行为工号、姓名、部门等列标题，第 2 行为相应工资奖金及个税金额，两张工资条之间空一行以便剪裁、该空行行高统一设为 40 默认单位，自动调整列宽到最合适大小，字号不得小于 10 磅。

9. 调整工作表"工资条"的页面布局以备打印：纸张方向为横向，缩减打印输出使得所有列只占一个页面宽（但不得改变页边距），水平居中打印在纸上。

4.4.3　演示文稿题

陈冲是某咨询机构的工作人员，正在为某次报告会准备关于云计算行业发展的演示文稿。根据下列要求，帮助她运用已有的素材完成这项工作。

1. 将"PPT_素材.pptx"文件另存为"PPT.pptx"文件。

2. 按照如下要求设计幻灯片母版。

（1）将幻灯片的大小修改为"全屏显示（16:9）"。

（2）设置幻灯片母版标题占位符的文本格式，中文字体为微软雅黑，西文字体为 Arial，并添加一种恰当的艺术字样式；设置幻灯片母版内容占位符的文本格式，中文字体为幼圆，西文字体为 Arial。

（3）使用文件夹下的"背景 1.png"图片作为"标题幻灯片"版式的背景；使用"背景 2.png"图片作为"标题和内容"版式、"内容与标题"版式以及"两栏内容"版式的背景。

3. 将第 2、6、9 张幻灯片中的项目符号列表转换为 SmartArt 图形，布局为"梯形列表"，主题颜色为"彩色轮廓—强调文字颜色 1"，并对第 2 张幻灯片在左侧形状、第 6 张幻灯片中间形状、第 9 张幻灯片中右侧形状应用"细微效果—水绿色，强调颜色 5"的形状样式。

4. 将第 3 张幻灯片中的项目符号列表转换为布局为水平"项目符号列表"的 SmartArt 图形，适当调整其大小，并用恰当的 SmartArt 样式。

5. 将第 4 张幻灯片的版式修改为"内容与标题"，将原内容占位符中首段文字移动到左侧文本占位符内，适当加大行距；将右侧剩余文本转换为布局为"圆箭头流程的"SmartArt 图形，并用恰当的 SmartArt 样式。

6. 将第 7 张幻灯片的版式修改为"两栏内容"，参考"市场规模.png"图片效果，将上方和下方表格中的数据分别转换为图表（不得随意修改原素材表格中的数据），并按如下要求设置格式。

柱形图与折线图	
主坐标轴	"市场规模（亿元）"
次坐标轴	"同比增长率（%）"系列
图表标题	2016 年中国企业云服务整体市场规模
数据标签	保留 1 位小数
网格线、纵坐标轴标签和线条	无
折线图数据标记	内置圆形，大小为 7
图例	图标下方
饼图	
数据标签	包括类别名称和百分比
图表标题	2016 年中国公有云市场占比
图例	无

7. 在第 12 张幻灯片中，参考"行业趋势三.png"图片效果，适当调整表格大小、行高和列宽，为表格应用恰当的样式，取消标题行的特殊格式，并合并相应的单元格。

8. 在第 13 张幻灯片中，参考"结束页.png"图片，完成下列任务。

（1）将版式修改为"空白"，并添加"蓝色，强调文字颜色 1，淡色 80%"的背景颜色。

（2）制作与示例图"结束页.png"完全一致的徽标。要求徽标为由一个正圆形和一个太阳形构成的完整图形，徽标的高度和宽度都为 6 厘米，为其添加适当的形状样式。将徽标在幻灯片中水平居中对齐，垂直距幻灯片上色边缘 2.5 厘米。

（3）在徽标下方添加艺术字，内容为"CLOUD SHARE"，恰当设置其样式，并将其在幻灯片中水平居中对齐，垂直距幻灯片上色边缘 9.5 厘米。

9. 按照如下要求，为幻灯片分节。

节名称	幻灯片
封面	第 1 张幻灯片
云服务概述	第 2～5 张幻灯片
云服务行业及市场分析	第 6～8 张幻灯片
云服务发展趋势分析	第 9～12 张幻灯片
结束页	第 13 张幻灯片

10. 设置幻灯片切换，要求为第 2 节、第 3 节和第 4 节每一节应用一种单独的切换效果。

11．按照下列要求为幻灯片中的对象添加动画。

对象	动画效果
幻灯片 4 中的 SmartArt 图形	"淡出"进入动画效果，逐个出现
幻灯片 7 中的左侧图表	"擦除"进入动画效果，按系列出现，水平轴无动画 单击时自底部出现"市场规模（亿元）"系列， 动画结束 2 秒后，自左侧自动出现"同比增长率（%）"系列
幻灯片 7 中的右侧图表	"轮子"进入动画效果

12．删除文档中的批注。

第 5 章　全国计算机二级考试真题操作提示

5.1　第 1 套考试真题操作提示

5.1.1　字处理题

1．操作提示 1

打开考生文件夹下的"Word 素材.docx"文件，另存为文件"Word.docx"。

2．操作提示 2

单击"页面布局"下的"页面设置"组中的对话框启动器按钮，按要求进行设置。

3．操作提示 3

步骤 1：选中标题文字"德国主要城市"。

步骤 2：单击"开始"选项卡下的"字体"组右下角的对话框启动器按钮，在"字体"组中设置字体为"微软雅黑"，字号为"初号"，字形为"加粗"，单击"高级"选项卡，按图 1 进行设置，单击"段落"组中的"居中"按钮设置水平居中对齐。

步骤 3：单击"开始"选项卡下的"字体"组中的"文本效果"按钮，选择文本效果"填充橄榄色，强调文字颜色 3，轮廓文本 2"。

步骤 4：单击"段落"组右下角的对话框启动器按钮，对段落进行设置。

4．操作提示 4

步骤 1：选中文档中第一页的绿色文字。

步骤 2：单击"插入"选项卡下的"表格"组中的"表格"按钮，在下拉列表中选择"文字转换成表格"命令，弹出"将文字转换成表格"对话框，保持默认设置，单击"确定"按钮。

步骤 3：选中表格对象，选择"布局"选项卡下的"表"组中的"属性"命令，弹出"表格属性"对话框，设置对齐方式为"居中"，指定宽度为 80%，如图 1 所示。在"段落"中选择边框按钮，设置无边框 。单击选择表格中的项目符号，在"字体"组中设置字号为"小一"。

图 1

步骤4：选中整个表格，单击"开始"选项卡下的"段落"组中的"项目符号"按钮，选择"定义新项目符号"，单击"图片"按钮，显示"图片项目符号"对话框，单击"导入"按钮，如图2所示。选择考生文件夹下的"项目符号.png"文件，单击"添加"按钮。

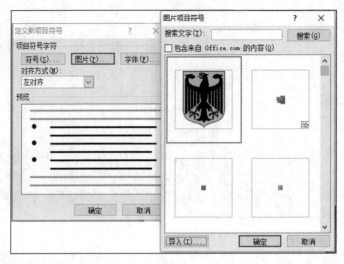

图2

步骤5：选中整个表格，设置字体、字号、颜色、对齐，并对段落进行设置。

步骤6：选中整个表格，单击"段落"组右下角的对话框启动器按钮，切换到"中文版式"选项卡，将"文本对齐方式"设置为"居中"，如图3所示。

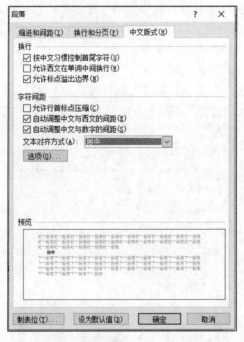

图3

步骤7：在标题段后，单击"开始"选项卡下的"段落"组中的"边框"按钮，单击对话框左下角的"横线"按钮，参考文件"表格效果.png"所示的横线类型进行设置，如图 4 所示。以同样的方法在表格下方插入同样的横线。

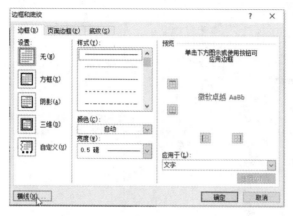

图 4

步骤 8：将光标置于表格下，单击"页面布局"下的"页面设置"组中的"分隔符"按钮，在下拉列表中选择"分页符"中的"下一页"命令。

5. 操作提示 5

步骤 1：单击"开始"选项卡下的"样式"组右下角的对话框启动器按钮，在最底部位置单击"新建样式"按钮，根据要求对样式进行设置。

步骤 2：单击"格式"按钮，选择"段落"命令，在上述新建样式中继续对段落进行设置，如图 5 所示，切换到"换行和分页"选项卡，勾选"分页"组中的"与下段同页"复选框。

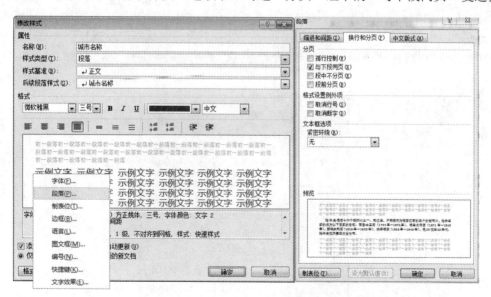

图 5

步骤 3：单击"格式"按钮，对边框进行设置；切换到"底纹"选项卡，对底纹进行设置，如图 6 所示。

步骤 4：选中文中所有红色文字，应用新建的"城市名称"样式。

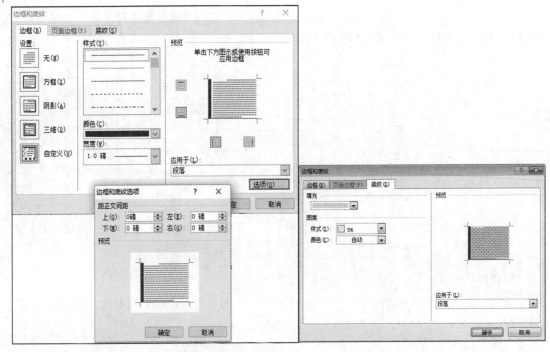

图 6

6. 操作提示 6

仿照操作提示 5，选中文档正文中除了蓝色文本以外的所有文本，应用"城市介绍"样式。

7. 操作提示 7

步骤 1：选中标题"柏林"下方蓝色文本段落中的所有文本内容，取消所有超链接。

步骤 2：单击"开始"选项卡下的"段落"组右下角的对话框启动器按钮，单击对话框底部的"制表位"按钮，按照图 7 所示的设置方式，在制表位中进行"8 字符""18 字符""28 字符"设置。

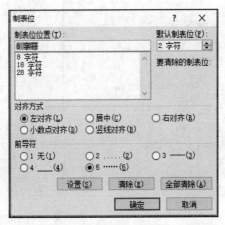

图 7

步骤 3：参考"柏林一览.png"示例，将光标放置于第 1 段"中文名称"之后，按一下键盘上的 Tab 键，再将光标置于"柏林"之后，按同样方法设置后续段落。

步骤 4：选中第 1 行文本"中文名称"，单击"开始"选项卡下的"段落"组中的"中文版式"按钮，选择"调整宽度"命令，按图 8 所示进行设置。

8．操作提示 8

选中标题"慕尼黑"下方文本"Muenchen"中的"u"，单击"插入"选项卡下的"符号"组中的"符号"按钮，在下拉列表中选择"其他符号"命令，找到字符"ü"，单击"插入"按钮。

9．操作提示 9

选中"波茨坦"下方的图片，单击"图片工具"中的"格式"下的"排列"组中的"选择窗格"按钮，单击"会议图片"右侧的方框，出现一个眼睛的图标，则"会议图片"即可见。

10．操作提示 10

步骤 1：按要求进行"阴影"及页面颜色设置，如图 9 所示。

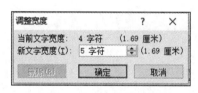

图 8

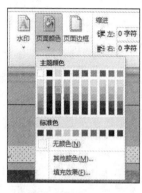

图 9

步骤 2：单击"文件"选项卡中的"选项"按钮，选择左侧"显示"项，在右侧的"打印选项"中勾选"打印背景色和图像"复选框，如图 10 所示。

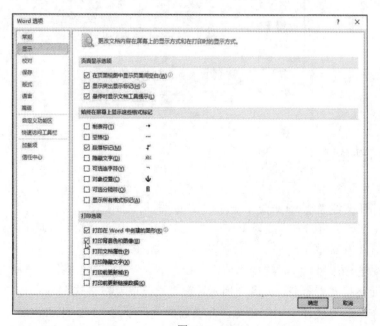

图 10

11. 操作提示 11

步骤 1：将文件另存为"笔划顺序.docx"，并保存到考生文件夹中。

步骤 2：选择"视图"选项卡下的"文档视图"组中的"大纲视图"命令，按图 11 所示进行设置。

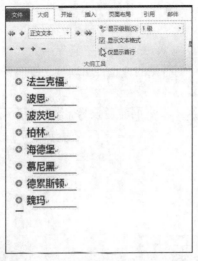

图 11

步骤 3：单击"开始"选项卡下的"段落"组中的"排序"按钮，按图 12 所示进行排序设置。

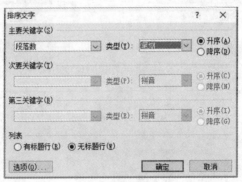

图 12

5.1.2 电子表格题

1. 操作提示 1

步骤 1：打开文件"Excel.xlsx"，选择"订单明细"工作表。

步骤 2：在"订单明细表"选择单元格"A2:H636"，在"开始"选项卡下选择"套用表格格式"命令，在下拉菜单中选择一个合适的格式，如图 1 所示。

步骤 3：按住 Ctrl 键，同时选择"单价"和"小计"列，单击右键，在弹出的下拉列表中选择"设置单元格格式"命令，如图 2 所示。在"设置单元格格式"对话框中的"数字"选项卡下的分类组中选择"会计专用"命令，并设置货币符号为"¥"，单击"确定"按钮，如图 3 所示。

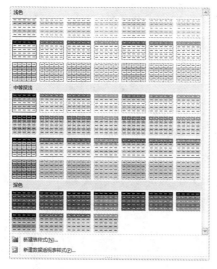

图 1

图 2

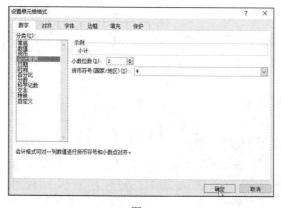

图 3

2. 操作提示 2

步骤 1：选择"E3"单元格，单击"公式"下的"函数库"选项卡中的"插入函数"按钮，在"选择函数"下拉列表中找到 VLOOKUP 函数，如图 4 所示，单击"确定"按钮，弹出"插入函数"对话框。

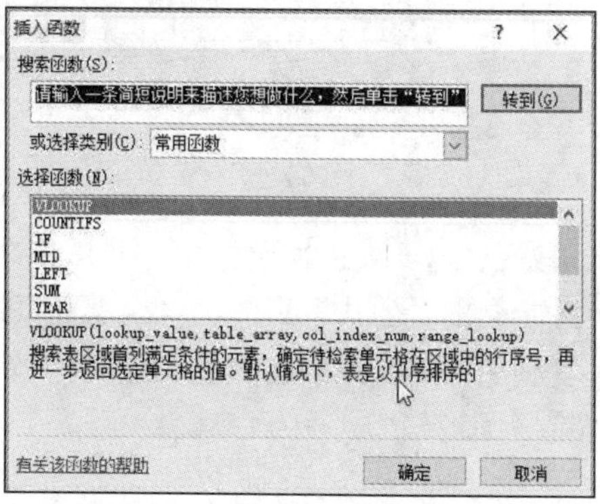

图 4

步骤 2：在第 1 个参数框中选择"D3"，第 2 个参数框中选择"编号对照"表中的"A2:C19"区域，第 3 个参数框中输入"2"，第 4 个参数框中输入"false"，如图 5 所示，单击"确定"按钮。

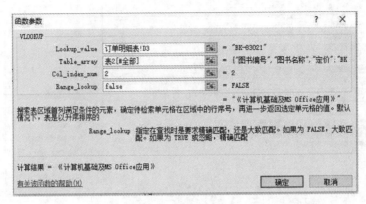

图 5

3. 操作提示 3

使用 VLOOKUP 函数的方法同上操作提示 2 类似，在第 3 个参数框中输入"3"，其他参数与操作提示 2 的输入一致。

4. 操作提示 4

选择 H3 单元格，在单元格内输入公式"=F3*G3"，并填充该列。

5. 操作提示 5

步骤 1：右击"订单明细表"，单击"移动或复制"选项，出现"移动或复制工作表"对话框，选择"移至最后"项，并勾选"建立副本"项，在工作表的后部出现一个"订单明细表（2）"的工作表，如图 6 所示，后续的操作都在副本上进行，避免对原始数据破坏丢分。

图 6

步骤 2：在"订单明细表（2）"中，单击"数据"选项卡下的"筛选"按钮，对整个表进行后续筛选。选择 H637 单元格，单击"公式"下的"自动求和"选项按钮中的"求和"按钮，自动求出"H3:H636"的和，复制 H637 单元格的数值，选择"统计报告"表中的 B3 单元格，右键选择"粘贴选项"中的"值"命令。

6. 操作提示 6

步骤 1：在"订单明细表（2）"中，单击"图书名称"后的下拉按钮，将"全部"勾选取消，只勾选"《MS Office 高级应用》"这一选项，如图 7 所示。单击"日期"后的下拉按钮，只选择"2012"，如图 8 所示。

图 7

图 8

步骤 2：再次对"小计"列进行求和，并按照上述操作提示 5 中的粘贴方式，把数值粘贴到"统计报告"表中 B4 单元格中。

7. 操作提示 7

步骤 1：取消对"图书名称"的筛选；对"书店名称"按照上述操作提示 6 的方法进行筛选，筛选对象为"隆华书店"，更改对"日期"的筛选，选择"日期筛选"下的"介于"项，根据题目要求更改日期为 2011 年第 3 季度，如图 9 所示。

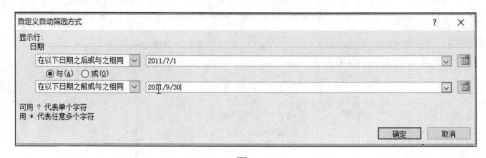

图 9

步骤 2：对"小计"列进行求和，把数值粘贴到"统计报告"表中的 B5 单元格中。

8. 操作提示 8

保留对"书店名称"的筛选，"日期"筛选更改为"2011"，并将统计得到的销售总额除以 12，填入到"统计报告"表中 B6 单元格中，注意保留两位小数。

9. 操作提示 9

单击"保存"按钮即可完成"Excel.xlsx"文件的保存。

5.1.3 演示文稿题

1. 操作提示 1

步骤 1：新建一个 PowerPoint 演示文稿，保存文件名为"图解 2015 施政要点.pptx"。

步骤 2：单击"开始"选项卡下的"幻灯片"选项组中的"新建幻灯片"按钮，新建 8 张幻灯片。

步骤 3：选择第一张幻灯片，单击鼠标右键，选择"新增节"命令。选中节名，单击鼠标右键，重命名节为"标题"。按同样的方法，将第二、三张幻灯片节命名为"第一节"，将第四、五、六张幻灯片节命名为"第二节"，第七张幻灯片节命名为"第三节"，第八张幻灯片节命名为"致谢"。

步骤 4：单击节名称"标题"，在"切换"选项卡下选择一种切换方式。按同样的方法为其他节设置不同的幻灯片切换方式。

步骤 5：在"设计"选项卡下的"主题"选项组中，选择"角度"主题。

2. 操作提示 2

步骤 1：选择第一张幻灯片，单击鼠标右键，选择"版式"级联菜单中的"标题幻灯片"命令。

步骤 2：输入标题"图解今年年施政要点"，将字号设为 44。输入副标题"2015 年两会特别策划"，将字号设为 20。

3. 操作提示 3

步骤 1：在第二、三张幻灯片的标题处输入文字"一、经济"。

步骤 2：单击"插入"选项卡下的"图像"选项组中的"图片"按钮，将考生文件夹下的图片文件 Eco1.jpg、Eco2.jpg 和 Eco3.jpg 插入到第二张幻灯片中，将图片文件 Eco4.jpg、Eco5.jpg 和 Eco6.jpg 插入到第三张幻灯片中。

步骤 3：选择第二张幻灯片的三个图片，鼠标右键单击选中的图片，在弹出的快捷菜单中选择"大小和位置"选项，打开"设置图片格式"对话框，勾选"锁定纵横比"复选框，高度输入"130 像素"，如图 1 所示。按同样的方式设置第三张幻灯片图片的大小。

图 1

步骤 4：选择第二张幻灯片中的 3 幅图片，单击"格式"选项卡下的"图片样式"选项组中的"剪裁对角线，白色"按钮，如图 2 所示。

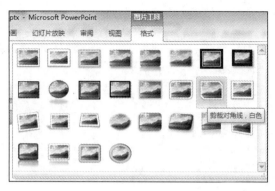

图 2

步骤 5：选择第三张幻灯片中的 3 幅图片，单击"格式"选项卡下的"图片样式"选项组中的"棱台矩形"样式，如图 3 所示。

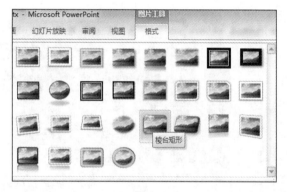

图 3

步骤 6：选择插入的图片，在"动画"选项卡下的"动画"组中，为图片设置一种进入动画效果，在"计时"选项组中为每张图片都设置为"上一动画之后"。

4．操作提示 4

步骤 1：在第四、五、六张幻灯片的标题处输入"二、民生"。

步骤 2：在第四张幻灯片中，单击"插入"选项卡下的"图片"按钮，将考生文件夹下的图片文件 Ms1.jpg 至 Ms6.jpg 插入到幻灯片中。

步骤 3：选择插入的 6 个图片，单击"格式"选项卡下的"大小"选项组中的对话框启动器按钮，弹出"设置图片格式"对话框，取消"锁定纵横比"复选框，高度输入为"100 像素"，宽度输入为"150 像素"，如图 4 所示。

步骤 4：选择 6 个图片，单击"格式"选项卡下的"图片样式"选项组中的"居中矩形阴影"按钮。

步骤 5：选择 6 个图片，在"动画"选项卡下的"动画"选项组中，为图片设置一种进入动画效果，在"计时"选项组中为每张图片都设置为"上一动画之后"开始。

步骤 6：在第五张幻灯片中，单击"插入"选项卡下的"插图"组中的"SmartArt"按钮，弹出"选择 SmartArt 图形"对话框，选择列表组中的"垂直图片列表"选项，如图 5 所示。

图 4

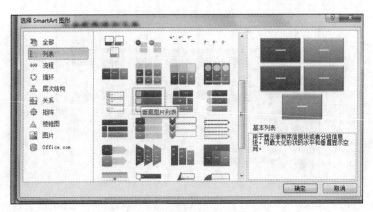

图 5

步骤 7：双击最左侧的形状，分别将考生文件夹下的图片文件 Icon1.jpg、Icon2.jpg、Icon3.jpg 插入到幻灯片中。然后选择右侧的形状，参考考生文件夹下的文本素材，将对应的文字内容复制到幻灯片中，如图 6 所示。

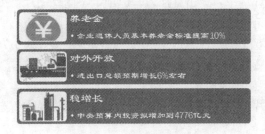

图 6

步骤 8：选择插入的 SmartArt 图形，在"动画"选项卡下的"动画"组中，为图片设置一个进入动画效果。"效果选项"设置为"逐个"，在"计时"选项组中设置"与上一动画同时"开始。

步骤 9：使用同样的方法完成第六张幻灯片中的图片的插入，相应的图片文件为 Icon4.jpg、Icon5.jpg、Icon6.jpg、Icon7.jpg。

5. 操作提示 5

步骤 1：在第七张幻灯片的标题处输入文字"三、政府工作需要把握的要点"。

步骤 2：插入 SmartArt 图形"垂直框列表"，将考生文件夹下的"PPT 素材.docx"中对应的文字内容复制到幻灯片中。

步骤 3：选择插入的 SmartArt 图形，设置进入动画效果为"逐个""与上一动画同时"开始。

6. 操作提示 6

步骤 1：在第八张幻灯片的标题处输入文字"谢谢！"。

步骤 2：插入"End.jpg"图片文件，在"格式"选项卡下的"图片样式"组中选择"映像圆角矩形"样式。

7. 操作提示 7

步骤 1：单击"插入"选项卡下的"文本"组中的"页眉和页脚"按钮，弹出"页眉和页脚"对话框，勾选"幻灯片编号"和"标题幻灯片中不显示"复选框，单击"全部应用"按钮，如图 7 所示。

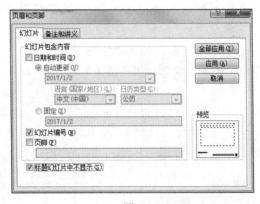

图 7

8. 操作提示 8

步骤 1：在"切换"选项卡下的"计时"选项组中勾选"设置自动换片时间"复选框，将时间设置为 10 秒钟，如图 8 所示，单击"全部应用"按钮。

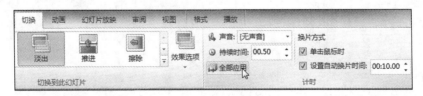

图 8

步骤 2：单击"幻灯片放映"选项卡下的"设置"组中的"设置幻灯片放映"按钮，弹出"设置放映方式"对话框，在"放映选项"中勾选"循环放映，按 Esc 键终止"复选框，如图 9 所示，单击"确定"按钮。

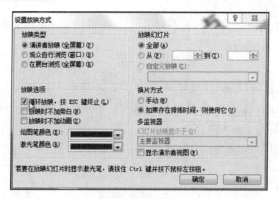

图 9

5.2　第 2 套考试真题操作提示

5.2.1　字处理题

1. 操作提示 1

将"Word 素材.docx"文件另存为"Word.docx"，将其保存于考生文件夹下。

2. 操作提示 2

步骤 1：把光标定位到"目录"前面，插入"空白页"。

步骤 2：在新插入的空白页中输入文本"供应链中的库存管理研究""林楚楠"和"2012 级企业管理专业"。

步骤 3：参照考生文件夹中的素材"封面效果.docx"文件，对封面进行设置。

步骤 4：选中文本框中的文本文字，设置为"居中"。

步骤 5：对文本框控件，单击鼠标右键，按图 1 所示对形状格式进行设置。

图 1

步骤 6：右键文本框控件，设置文本框格式为"自动换行""四周型环绕"和"左右居中"方式。

步骤 7：插入图片 1.jpg，并设置"四周型环绕"方式，图片鼠标右键，选择"设置图片格式"命令，按照图 2 所示进行设置。

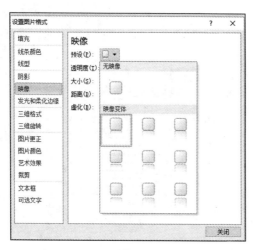

图 2

3. 操作提示 3

步骤 1：将光标置于"目录"内容的结尾处，单击"页面布局"选项卡下的"页面设置"组中的"分隔符"按钮，选择"分节符"中的"下一页"命令。

步骤 2：使用同样的方式，分别对其他内容进行"下一页"设置。

4. 操作提示 4

步骤 1：在"开始"选项卡下的"样式"组中，单击右下角的对话框启动器按钮打开"正文文字"样式，选择"修改"命令。

步骤 2：按要求对样式进行设置，如图 3 所示。

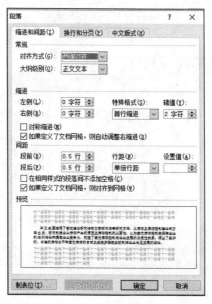

图 3

步骤 3：同样方法对"标题 1"样式进行设置。

步骤 4：在"编号"选项卡中单击"定义新编号格式"按钮，按图 4 所示进行设置。

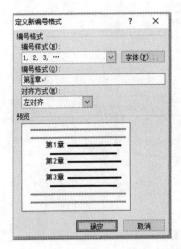

图 4

步骤 5：选中标题 2.1.2 下方的编号列表，应用"1）、2）、3）"样式的编号。

步骤 6：打开考生文件夹下"项目符号列表.docx"文档，在弹出的"样式"窗格中单击最下方"管理样式"按钮，如图 5 所示。

步骤 7：在弹出的"管理样式"对话框中，单击"管理样式"选项卡最后一行的"导入/导出"按钮。

步骤 8：在弹出的"管理器"对话框中，单击右边列表框中的"关闭文件"按钮，再单击"打开文件"按钮，在弹出的"打开"对话框中将"文件类型"选择为"Word 文档（*.docx）"，在考生文件夹中选择"Word.docx"文件，单击"打开"按钮，如图 6 所示。

图 5

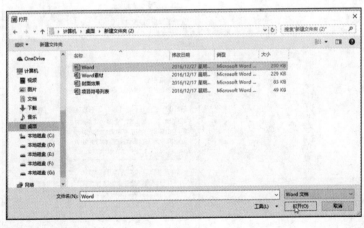

图 6

步骤 9：在"管理器"对话框左侧列表框中选择"项目符号列表"命令，单击"复制"按钮。

步骤 10：选择标题 2.2.1 下方的编号列表，应用"项目符号列表"样式。

5．操作提示 5

步骤 1：单击"引用"选项卡下的"脚注"组中的对话框启动器按钮，按图 7 所示内容进行尾注设置。

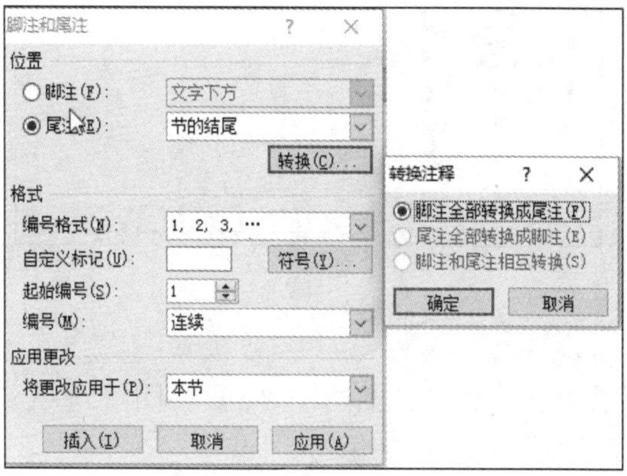

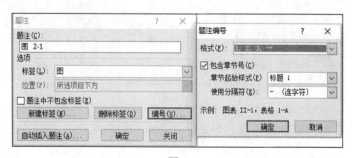

图 7

步骤 2：选中"摘要"标题，单击"开始"选项卡下的"样式"组中样式列表中的"标题 1 样式"，出现"第 1 章摘要"，选中编号"第 1 章"，单击鼠标右键，在弹出的快捷菜单中选中"编号—无"。

步骤 3：对"参考书目"和"专业词汇索引"标题，按照上述同样的方法设置标题。

步骤 4：单击"引用"选项卡下的"目录"组中的"目录"按钮，选择"插人目录"命令，按要求进行设置。

6．操作提示 6

步骤 1：在正文 2.1.1 节中，选择"引用"选项卡下的"题注"组中的"插入题注"命令，单击"新建标签"按钮，在"标签"文本框中输入"图"，单击"确定"按钮，再单击"编号"按钮，按图 8 所示进行勾选，修改题注的对齐方式为"居中"。后续图片题注的设置方法与此相同。

图 8

步骤 2：将光标置于"图表目录"标题下，单击"引用"选项卡下的"题注"组中的"插入表目录"按钮，按要求设置目录。

步骤 3：将光标置于引用位置，单击"引用"选项卡下的"题注"组中的"交叉引用"按钮，按图 9 所示内容进行设置。后续对题注的引用操作方法相同。

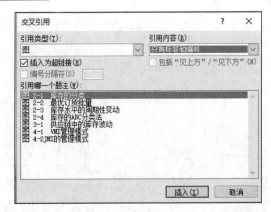

图 9

7. 操作提示 7

步骤 1：选中索引目录中的"ABC 分类法"，单击"引用"选项卡下的"索引"组中的"标记索引项"按钮，再单击"标记全部"按钮。

步骤 2：将光标调到文档的开头位置，单击"开始"选项卡下的"编辑"组中的"替换"按钮，出现查找和替换对话框，在"查找内容"中输入"供应链"，接着单击"更多"按钮，继续选择"更多格式"按钮，单击"域"项，在"替换为"对话框中输入"供应链"，如图 10 所示。最后单击"全部替换"按钮。

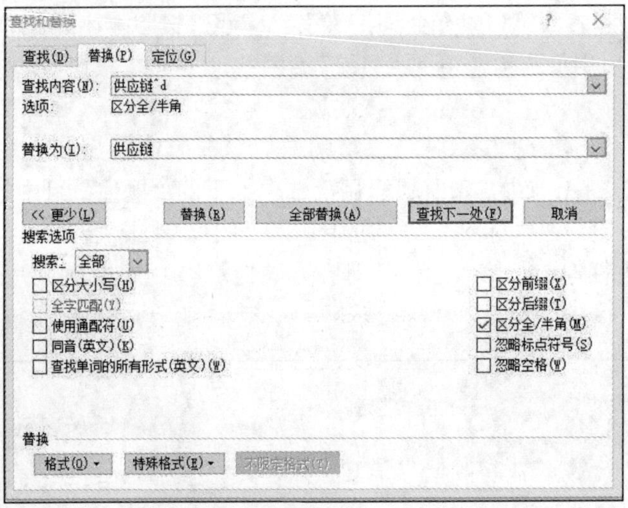

图 10

步骤 3：将光标调到专业词汇索引页后，单击"引用"选项卡下的"索引"组中的"更新索引"按钮。

步骤 4：单击"文件"选项卡，在弹出的下拉列表中单击"选项"按钮，弹出"Word 选项"对话框，在"显示"选项卡下的"始终在屏幕上显示这些格式标记"区域内，取消勾选"显示所有格式标记"项，单击"确定"按钮。

8. 操作提示 8

步骤 1：双击封面页页脚位置，勾选"首页不同"复选框。

步骤 2：将鼠标光标放到"目录"页的页脚位置，单击"链接到前一条页眉"按钮。

步骤 3：单击"页眉和页脚"组中的"页码"按钮，按要求设置页码格式并插入页码。

步骤 4：页脚设置参考上面步骤 3 的设置，在"页码编号"选项组中勾选"续前节"选项，"摘要"页的设置方式与此相同。

9．操作提示 9

步骤 1：单击"开始"选项卡下的"编辑"组中的"替换"按钮，弹出"查找和替换"对话框。

步骤 2：将光标置于"查找内容"列表框中，单击"更多"按钮，在下方的"替换"组中选择"特殊格式"，在弹出的级联菜单中选择"段落标记"，继续单击"特殊格式"按钮，再次选择"段落标记"。

步骤 3：将光标置于"替换为"列表框中，单击"特殊格式"按钮，在弹出的级联菜单中选择"段落标记"，单击"全部替换"按钮，在弹出的对话框中单击"确定"按钮。

5.2.2　电子表格题

1．操作提示 1

打开素材文件"学生成绩.xlsx"，单击工作表最右侧的"插入工作表"按钮，双击新插入的工作表标签，将其重命名为"初三学生档案"。在该工作表标签上单击鼠标右键，在弹出的快捷菜单中选择"工作表标签颜色"命令，在弹出的级联菜单中选择标准色中的"紫色"项。

2．操作提示 2

步骤 1：选中 A1 单元格，单击"数据"选项卡下的"获取外部数据"组中的"自文本"按钮，弹出"导入文本文件"对话框，在该对话框中选择考生文件夹下的文件"学生档案.txt"，然后单击"导入"按钮。

步骤 2：在弹出的对话框中选择"分隔符号"单选按钮，将"文件原始格式"设置为"54936：简体中文（GB18030）"，如图 1 所示。单击"下一步"按钮，只勾选"分隔符"列表中的"Tab键"复选框，单击"下一步"按钮，选中"身份证号码"列，选择"文本"单选按钮，单击"完成"按钮，如图 2 所示。在弹出的对话框中保持默认设置，单击"确定"按钮。

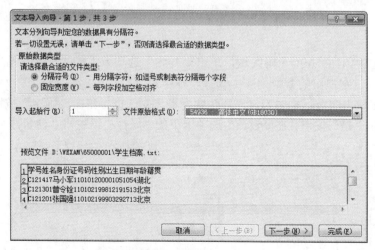

图 1

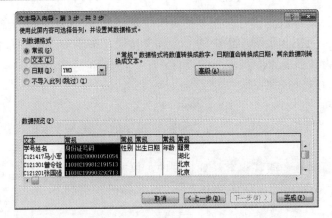

图 2

步骤 3：选中 B 列单元格，单击鼠标右键，在弹出的快捷菜单中选择"插入"命令。选中 A1 单元格，将光标置于"学号"和"名字"之间，按 3 次空格键，然后选中 A 列单元格，单击"数据工具"组中的"分列"按钮，在弹出的对话框中选择"固定宽度"单选按钮，单击"下一步"按钮，建立如图 3 所示的分列线。单击"下一步"按钮，保持默认设置，单击"完成"按钮。

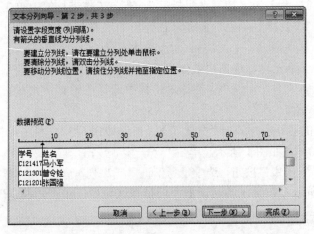

图 3

步骤 4：选中 A1:G56 单元格区域，单击"开始"选项卡下的"样式"组中的"套用表格格式"下拉按钮，在弹出的下拉列表中选择一种样式。

步骤 5：在弹出的对话框中勾选"表包含标题"复选框，单击"确定"按钮，然后在弹出的对话框中单击"是"按钮。在"设计"选项卡下的"属性"组中将"表名称"设置为"档案"如图 4 所示。

图 4

3．操作提示 3

步骤 1：选中 D2 单元格，在该单元格中输入函数 "=IF(MOD(MID(C2,17,1),2)=1,"男","女")"，按回车键完成操作，然后利用自动的填充功能对其他单元格进行填充。

步骤 2：选中 E2 单元格，在该单元格中输入函数 "=TEXT(MID(C2,7,8),"0-00-00")"，按回车键完成操作，利用自动填充功能对剩余的单元格进行填充。然后选择 E2:E56 单元格区域，单击鼠标右键，在弹出的快捷菜单中选择"设置单元格格式"命令，切换至"数字"选项卡，将"分类"设置为"日期"，然后单击"确定"按钮，完成后的效果如图 5 所示。

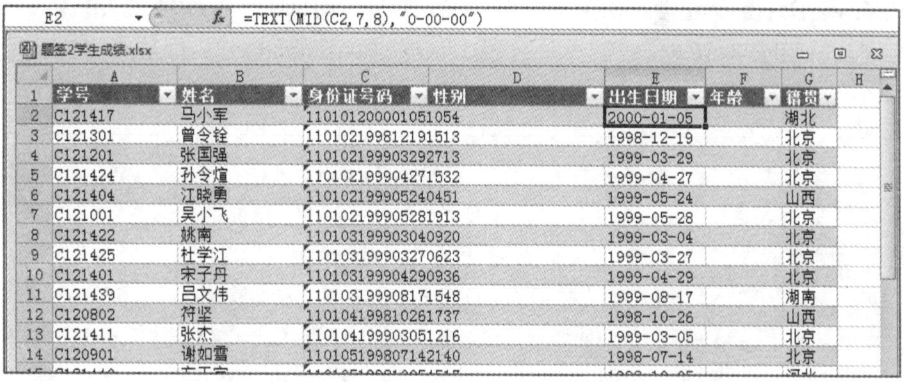

图 5

步骤 3：选中 F2 单元格，在该单元格中输入函数 "=DATEDIF(TEXT(MID(C3,7,8),"0-00-00"),TODAY(),"y")"，按回车键，利用自动填充功能对其他单元格进行填充。

步骤 4：选中 A1:G56 单元格区域，单击"开始"选项卡下的"对齐方式"组中的"居中"按钮，然后适当调整表格的行高和列宽。

4．操作提示 4

步骤 1：进入到"语文"工作表中，选择 B2 单元格，在该单元格中输入函数 "=VLOOKUP(A2,初三学生档案!$A$2:$B$56,2,0)"，按回车键完成操作，然后利用自动填充功能对其他单元格进行填充。完成后的效果如图 6 所示。

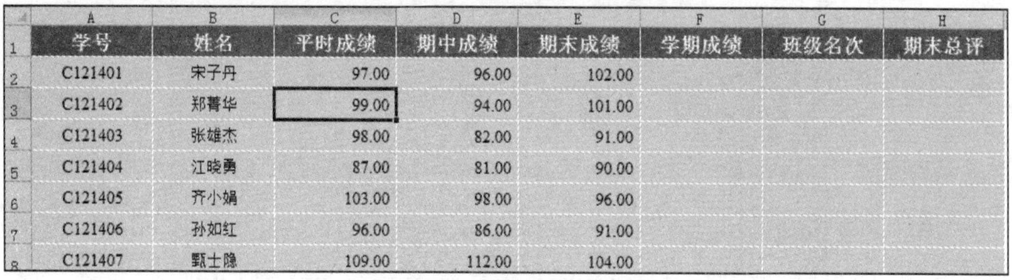

图 6

步骤 2：选择 F2 单元格，在该单元格中输入函数 "=SUM(C2*30%)+(D2*30%)+(E2*40%)"，按回车键确认操作。

步骤 3：选择 G2 单元格，在该单元格中输入函数 "="第"&RANK(F2,$F$2:$F$45)&"名""，然后利用自动填充功能对其他单元格进行填充，效果如图 7 所示。

	A	B	C	D	E	F	G	H
1	学号	姓名	平时成绩	期中成绩	期末成绩	学期成绩	班级名次	期末总评
2	C121401	宋子丹	97.00	96.00	102.00	98.70	第13名	
3	C121402	郑菁华	99.00	94.00	101.00	98.30	第14名	
4	C121403	张雄杰	98.00	82.00	91.00	90.40	第28名	
5	C121404	江晓勇	87.00	81.00	90.00	86.40	第33名	
6	C121405	齐小娟	103.00	98.00	96.00	98.70	第11名	
7	C121406	孙如红	96.00	86.00	91.00	91.00	第26名	

G2 单元格公式：`="第"&RANK(F2,$F$2:$F$45)&"名"`

图 7

步骤 4：选择 H2 单元格，在该单元格中输入公式 "=IF(F2>=102,"优秀",IF(F2>=84,"良好", IF(F2>=72,"及格",IF(F2>72,"及格","不及格"))))"，按回车键完成操作，然后利用自动填充功能对其他单元格进行填充，完成后的效果如图 8 所示。

H2 单元格公式：`=IF(F2>=102,"优秀",IF(F2>=84,"良好",IF(F2>=72,"及格",IF(F2>72,"及格","不及格"))))`

	A	B	C	D	E	F	G	H
1	学号	姓名	平时成绩	期中成绩	期末成绩	学期成绩	班级名次	期末总评
2	C121401	宋子丹	97.00	96.00	102.00	98.70	第13名	良好
3	C121402	郑菁华	99.00	94.00	101.00	98.30	第14名	良好
4	C121403	张雄杰	98.00	82.00	91.00	90.40	第28名	良好
5	C121404	江晓勇	87.00	81.00	90.00	86.40	第33名	良好
6	C121405	齐小娟	103.00	98.00	96.00	98.70	第11名	良好
7	C121406	孙如红	96.00	86.00	91.00	91.00	第26名	良好
8	C121407	甄士隐	109.00	112.00	104.00	107.90	第1名	优秀

图 8

5. 操作提示 5

步骤 1：选择"语文"工作表中的 A1:H45 单元格区域，按 Ctrl+C 组合键进行复制，进入到"数学"工作表中，选择 A1:H45 单元格区域，单击鼠标右键，在弹出的快捷菜单中选择"粘贴选项"下的"格式"命令，如图 9 所示。

	A	B	C	D	E	F	G	H
19	C121418		90.00	95.00	101.00			
20	C121419		103.00	104.00	117.00			
21	C121420		98.00	75.00	84.00			
22	C121421		118.00	106.00	116.00			
23	C121422		80.00	92.00	99.00			
24	C121423		95.00	89.00	100.00			
25	C121424		102.00	105.00	96.00			
26	C121425		98.00	95.00	102.00			
27	C121426		118.00	112.00	101.00			
28	C121427		87.00	96.00	10.			
29	C121428		120.00	118.00	10.			
30	C121429		97.00	91.00	8.			
31	C121430		106.00	118.00	98.00			
32	C121431		86.00	92.00	96.00			
33	C121432		98.00	97.00	101.00			
34	C121433		95.00	104.00	115.00			
35	C121434		112.00	99.00	106.00			
36	C121435		108.00	98.00	110.00			
37	C121436		85.00	71.00	79.00			

图 9

步骤 2：选择"数学"工作表中的 A1:H45 单元格区域，单击"开始"选项卡下的"单元格"组中的"格式"下拉按钮，在弹出的下拉列表中选择"行高"选项，在弹出的对话框中将"行高"设置为 22，单击"确定"按钮。单击"格式"下拉按钮，在弹出的下拉列表中选择"列宽"选项，在弹出的对话框中将"列宽"设置为 14，单击"确定"按钮。

步骤 3：使用同样的方法为其他科目的工作表设置相同的格式，包括行高和列宽。

步骤 4：将"语文"工作表中的公式粘贴到其他科目工作表对应的单元格中，然后利用自动填充功能对单元格进行填充。

步骤 5：在"英语"工作表中的 H2 单元格中输入公式"=IF(F2>=90,"优秀",IF(F2>=75,"良好",IF(F2>=60,"及格",IF(F2>60,"及格","不及格"))))"，按回车键完成操作，然后利用自动填充功能对其他单元格进行填充。

步骤 6：将"英语"工作表 H2 单元格中的公式分别粘贴到"物理""化学""品德""历史"工作表的 H2 单元格中，然后利用自动填充功能对其他单元格进行填充。

6．操作提示 6

步骤 1：进入到"期末总成绩"工作表中，选择 B3 单元格，在该单元格中输入公式"=VLOOKUP(A3,初三学生档案!$A$2:$B$56,2,0)"，按回车键完成操作，然后利用自动填充功能将其填充至 B46 单元格。

步骤 2：选择 C3 单元格，在该单元格中输入公式"=VLOOKUP(A3,语文!$A$2:$F$45,6,0)"，按回车键完成操作，然后利用自动填充功能将其填充至 C46 单元格。

步骤 3：选择 D3 单元格，在该单元格中输入公式"=VLOOKUP(A3,数学!$A$2:$F$45,6,0)"，按回车键完成操作，然后利用自动填充功能将其填充至 I46 单元格。

步骤 4：使用相同的方法为其他科目填充平均分。选择 J3 单元格，在该单元格中输入公式"=SUM(C3:I3)"，按回车键，然后利用自动填充功能将其填充至 J46 单元格。

步骤 5：选择 A3:K46 单元格区域，单击"开始"选项卡下的"编辑"组中的"排序和筛选"下拉按钮，在弹出的下拉列表中选择"自定义排序"选项，弹出"排序"对话框，在该对话框中将"主要关键字"设置为"总分"，将"排序依据"设置为"数值"，将"次序"设置为"降序"，单击"确定"按钮，如图 10 所示。

图 10

步骤 6：在 K3 单元格中输入数字 1，然后按住"Ctrl"键，利用自动填充功能将其填充至 K46 单元格，如图 11 所示。

步骤 7：选择 CA7 单元格，在该单元格中输入公式"=AVERAGE(C3:C46)"，按回车键完成操作，然后利用自动填充功能进行将其填充至 J47 单元格。

步骤 8：选择 C3:J47 单元格区域，在选择的单元格中单击鼠标右键，在弹出的快捷菜单中选择"设置单元格格式"命令，在弹出的对话框中选择"数字"选项卡，将"分类"设置为"数值"，将"小数位数"设置为 2，单击"确定"按钮，如图 12 所示。

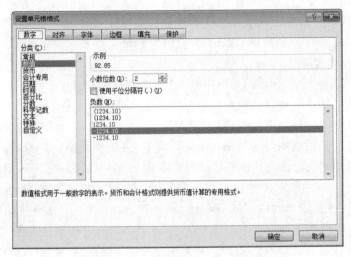

学号	姓名	语文	数学	英语	物理	化学	品德	历史	总分	总分排名
						初三（14）班第一学期期末成绩表				
C121419	刘小红	99.3	108.9	91.4	97.6	91	91.9	85.3	665.4	1
C121428	陈万地	104.5	114.2	92.3	92.6	74.5	95	90.9	664	2
C121402	郑青华	98.3	112.2	88	96.6	78.6	90	93.2	656.9	3
C121407	瞿士臻	107.9	95.9	90.9	95.6	89.6	90.5	84.4	654.8	4
C121422	姚南	101.3	91.2	89	95.1	90.1	94.5	91.8	653	5
C121435	倪冬声	90.9	105.8	94.1	81.2	87	93.7	93.5	646.2	6
C121442	习志敏	92.5	101.8	98.2	90.2	73	93.6	94.6	643.9	7
C121411	张杰	92.4	104.3	91.8	94.1	75.3	89.3	94	641.2	8
C121405	齐小娟	98.7	108.8	87.9	96.7	75.8	78	88.3	634.2	9
C121404	江晓勇	86.4	98.8	94.7	93.5	84.5	93.6	86.6	634.1	10

图 11

图 12

7. 操作提示 7

步骤 1：选择 C3:C46 单元格区域，单击"开始"选项卡下的"样式"组中的"条件格式"按钮，在弹出的下拉列表中选择"新建规则"选项，如图 13 所示。在弹出的对话框中将"选择规则类型"设置为"仅对排名靠前或靠后的数值设置格式"，然后将"编辑规则说明"设置为"前"和 1，如图 14 所示。

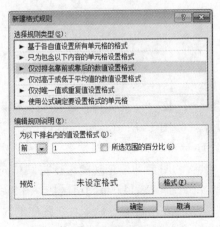

图 13

图 14

步骤 2：单击"格式"按钮，在弹出的对话框中将"字形"设置为"加粗"，将"颜色"设置为标准色中的"红色"，单击两次"确定"按钮。按同样的操作方式为其他科目分别用红色和加粗标出第一名成绩。

步骤 3：选择 J3:J12 单元格区域，单击鼠标右键，在弹出的快捷菜单中选择"设置单元格格式"命令，在弹出的对话框中切换至"填充"选项卡，然后单击"浅蓝"颜色块，单击"确定"按钮，如图 15 所示。

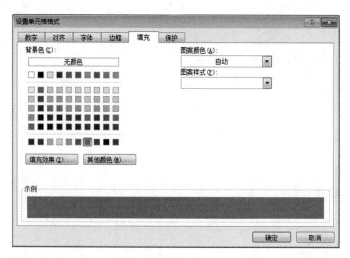

图 15

8．操作提示 8

步骤 1：在"页面边距"选项卡下的"页面设置"组中单击"对话框"启动器按钮，在弹出的对话框中切换至"页边距"选项卡，勾选"居中方式"组中的"水平"复选框，如图 16 所示。

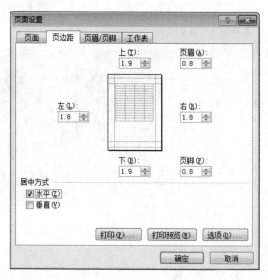

图 16

步骤 2：切换至"页面"选项卡，将"方向"设置为横向。选择"缩放"组下的"调整为"

单选按钮，将其页宽设置为 1、页高设置为 1，单击"确定"按钮，如图 17 所示。

图 17

5.2.3 演示文稿题

1. 操作提示 1

在考试文件夹下新建 PowerPoint 演示文稿，命名为"PPT.pptx"。

2. 操作提示 2

步骤 1：打开"PPT.pptx"演示文稿，根据题目要求的版式，建立 8 张幻灯片。

步骤 2：打开"PPT_素材.docx"和"参考图片.docx"文件，按照素材中的顺序，参照参考图片的样例效果，依次将素材中的内容复制到幻灯片的适当位置。

步骤 3：选中任意一张幻灯片，单击"设计"选项卡下的"主题"组中的"流畅"样式。

步骤 4：将幻灯片切换到"大纲"视图，如图 1 所示，使用 Ctrl+A 组合键全选所有内容，将"字体"设为"幼圆"，设置完成后切换回"幻灯片"视图。

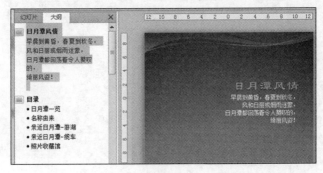

图 1

3. 操作提示 3

步骤 1：选中第 1 张幻灯片，插入考生文件夹下的图片文件"图片 1.png"，适当调整图片的大小和位置。

步骤 2：选择图片，单击"格式"选项卡下的"图片样式"组中的"图片效果"按钮，在下拉列表中选择"柔化边缘"菜单中的"25 磅",如图 2 所示。

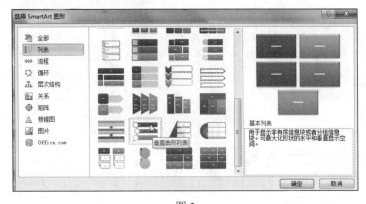

图 2

4．操作提示 4

步骤 1：选中第 2 张幻灯片的文本内容框,鼠标右键单击文本内容,选择"转换为 SmartArt"下的"其他 SmartArt 图形"命令,弹出"选择 SmartArt 图形"对话框,在该对话框左侧的列表框中选择"列表"命令,在右侧的列表框中选择"垂直曲形列表"样式,如图 3 所示,单击"确定"按钮。

步骤 2：选择"SmartArt 工具"下的"设计"选项卡下的"SmartArt 样式"组中的"白色轮廓"样式,如图 4 所示。

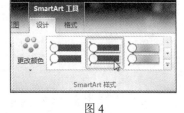

图 3　　　　　　　　　　　　　　　　　　　　图 4

步骤 3：选中 SmartArt 图形,将"字体"设为"幼圆"。

5．操作提示 5

步骤 1：选中第 3 张幻灯片。

步骤 2：单击"插入"选项卡下的"表格"组中的"表格"按钮,选择 4 行 5 列的表格。

步骤 3：选中表格对象，在"设计"选项卡下的"表格样式选项"组中，取消勾选"标题行"和"镶边行"复选框，勾选"镶边列"复选框，如图 5 所示。

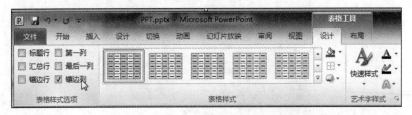

图 5

步骤 4：参考"参考图片.docx"文件的样式，将文本框中的文字复制粘贴到表格对应的单元格中，删除幻灯片中的内容文本框，并调整表格的大小和位置。

步骤 5：选中表格，在"表格工具"下的"布局"选项卡下单击"垂直居中"按钮，如图 6 所示。

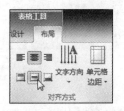

图 6

步骤 6：选中表格中的所有内容，单击"开始"选项卡下的"字体"组中的对话框启动器按钮，在弹出的"字体"对话框中设置"西文字体"为 Arial，设置"中文字体"为"幼圆"，单击"确定"按钮，如图 7 所示。

图 7

6．操作提示 6

步骤 1：选中第 4 张幻灯片，单击右侧的图片占位符按钮，弹出"插入图片"对话框，在考生文件夹下选择图片文件"图片 2.png"，单击"插入"按钮。

步骤 2：选中图片文件，单击"图片工具"下的"格式"选项卡下的"图片样式"组样式下拉列表框中的"圆形对角，白色"样式。

7．操作提示 7

步骤 1：选中第 5 张幻灯片，将光标置于标题下第一段中（搭乘游艇……），将"开始"选项卡下的"段落"组中的"项目符号"设置为"无"，如图 8 所示。单击"段落"组中的对话框启动器按钮，打开"段落"对话框，设置适当的段后间距，如图 9 所示。

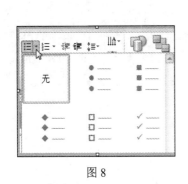

图 8　　　　　　　　　　　　　　　　　　　图 9

步骤 2：按照上述方法调整第 6 张幻灯片。

8．操作提示 8

步骤 1：选中第 5 张幻灯片，插入考生文件夹下的"图片 3.png"和"图片 4.png"文件。

步骤 2：选中幻灯片中的"图片 4"，单击鼠标右键，在弹出的快捷菜单中选择"置于底层"命令下的"置于底层"项，如图 10 所示。参考样例文件，调整图片的大小和位置。

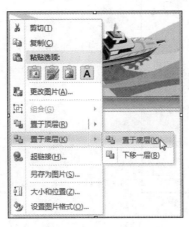

图 10

步骤 3：选中"图片 3.png"，在"动画"选项卡下设置"飞入"动画效果，"效果选项"选择"自左下部"项。

步骤 4：单击"插入"选项卡下的"插图"组中的"形状"按钮，在下拉列表中选择"标注"组中的"椭圆形标注"命令，如图 11 所示，在图片合适的位置绘制图形。

步骤 5：选中"椭圆形标注"图形，单击"格式"选项卡下的"形状样式"组中的"形状填充"按钮，在下拉列表中选择"无填充颜色"命令，在"形状轮廓"下拉列表中选择"虚线"下的"短划线"命令。

步骤 6：选中"椭圆形标注"图形，单击鼠标右键，在弹出的快捷菜单中选择"编辑文字"命令，选择字体颜色为"蓝色"，向形状图形中输入文字"开船啰!"，继续选中该图形，单击"格式"选项卡下的"排列"组中的"旋转"按钮，在下拉列表中选择"水平翻转"命令。

步骤 7：选中"椭圆形标注"图形，单击"动画"选项卡下的"动画"组中的"浮入"动画效果，在"计时"组中将"开始"项设置为"上一动画之后"。

9. 操作提示 9

步骤 1：选中第 6 张幻灯片，插入考生文件夹下的图片文件"图片 5.gif"。

步骤 2：选中"图片 5.gif"相应的图片，单击"格式"选项卡下的"排列"组中的"对齐"按钮，在下拉列表中选择"顶端对齐"和"右对齐"命令，如图 12 所示，适当调整图片的大小。

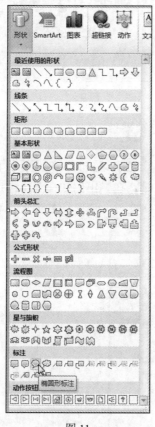

图 11

图 12

10. 操作提示 10

步骤 1：选中第 7 张幻灯片，插入考生文件夹下的图片文件"图片 6.png""图片 7.png"和"图片 8.png"。

步骤 2：按住 Ctrl 键依次单击选中三张图片，单击"图片工具"的"格式"选项卡下的"图片样式"组中的"图片效果"按钮，在下拉列表中选择"映像"菜单下的"紧密映像，接触"命令，如图 13 所示。

步骤 3：选中三张图片，单击"格式"选项卡下的"排列"组中的"对齐"按钮，在下拉列表中选择"顶端对齐"和"横向分布"命令。

步骤 4：插入考生文件夹下的图片文件"图片 9.gif"，并选中图片，在"排列"组的"对齐"按钮下选择"顶端对齐"和"右对齐"命令，单击"大小"组中的对话框启动器按钮，弹出"设置图片格式"对话框，在该对话框右侧的"尺寸和旋转"选项组中，设置"旋转"角度为"300°"，如图 14 所示，单击"关闭"按钮。

图 13

图 14

11．操作提示 11

步骤 1：选中第 8 张幻灯片，鼠标右键单击幻灯片，选择"设置背景格式"命令，打开"设置背景格式"对话框，在该对话框右侧的"填充"选项框中选择"图片或纹理填充"单选按钮，如图 15 所示，单击下面的"文件"按钮，弹出"插入图片"对话框，在考生文件夹下选择图片文件"图片 10.png"，单击"关闭"按钮。

步骤 2：选中幻灯片中的文本框，单击"格式"选项卡下的"艺术字样式"组中的"艺术字样式"列表框，选择"填充-无，轮廓-强调文字颜色 2"样式，如图 16 所示。

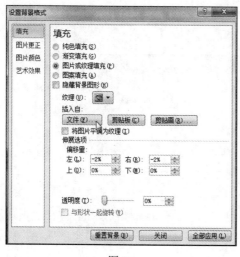

图 15

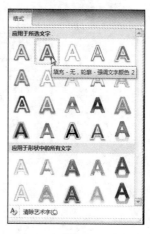

图 16

步骤 3：选中幻灯片中的文本框，切换到"开始"选项卡，设置字体为"幼圆"，字号为 48，对齐方式为"居中"。

步骤 4：选中幻灯片中的文本框，选择"格式"选项卡，在"形状样式"组中选择"形状填充"下的"其他填充颜色"命令，弹出"颜色"对话框，如图 17 所示，在"标准"选项卡下的"颜色"区选中白色，拖拽下方的"透明度"滑块，调整右侧的比例值（如 50%），单击"确定"按钮。

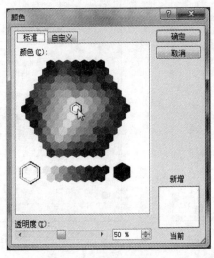

图 17

12. 操作提示 12

步骤 1：选中 2～8 张幻灯片（单击第 2 张幻灯片，按住 Shift 键，再单击第 8 张幻灯片），单击"切换"选项卡下的"切换到此幻灯片"组中的"涟漪"项。

步骤 2：勾选"切换"选项卡下的"计时"组中的"设置自动换片时间"项，在右侧的文本框中设置换片时间"00:05:00"（5 秒），单击"全部应用"按钮。

步骤 3：选中第 1 张幻灯片，单击"设计"选项卡下的"页面设置"组中的"页面设置"按钮，弹出"页面设置"对话框，将"幻灯片编号起始值"设置为 0，如图 18 所示，单击"确定"按钮。

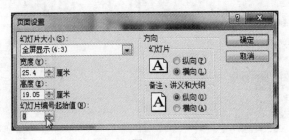

图 18

步骤 4：单击"插入"选项卡中"文本"组中的"幻灯片编号"按钮，弹出"页眉和页脚"对话框，勾选"幻灯片编号"和"标题幻灯片不显示"复选框，单击"全部应用"按钮。

5.3　第 3 套考试真题操作提示

5.3.1　字处理题

1．操作提示 1

将"Word 素材.docx"文件另存为"中国互联网络发展状况统计报告.docx"。

2．操作提示 2

按题目要求进行页面设置。

3．操作提示 3

步骤 1：在"开始"选项卡下的"样式"选项组中选择"标题 1"样式，单击鼠标右键，选择"修改"命令，弹出"修改样式"对话框，对"标题 1"的样式按要求设置字体和段落，如图 1 所示。

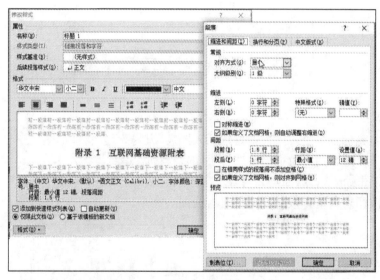

图 1

步骤 2：选中所有的红色章标题，对其应用"标题 1"样式。

步骤 3：按照同样的方式，设置其他的标题和正文应用样式。

4．操作提示 4

步骤 1：选中用黄色底纹标出的文字，单击"引用"选项卡下的"脚注"中的"插入脚注"按钮。

步骤 2：在"脚注"选项组中单击"对话框启动器"按钮，按图 2 所示进行设置，单击"应用"按钮，

步骤 3：在脚注位置输入内容"最近半年使用过台式机、笔记本或同时使用台式机和笔记本的网民统称为传统 PC 用户"。

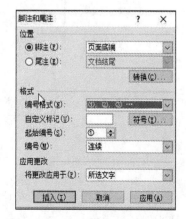

图 2

5. 操作提示 5

步骤 1：在浅绿色底纹标出的文字上方的空行中，插入素材图片"Pic1.png"。

步骤 2：将光标置于"调查总体细分图示"左侧，单击"引用"选项卡下的"题注"中的"插入题"按钮，单击"新建标签"按钮，将标签设置为"图"。仿照前面操作提示 3 中的方法，设置题注样式。

步骤 3：将光标置于文字"如下"的右侧，单击"引用"选项卡下的"题注"中的"交叉引用"按钮，如图 3 所示进行设置。

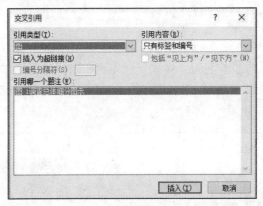

图 3

6. 操作提示 6

步骤 1：将光标置于"表 1"下方，插入图表，选择"簇状柱形图"，在"图表工具"选项卡下的"设计"组中的"数据"中选择"切换行/列"命令。

步骤 2：将图表放大，选择互联网普及率数据，如图 4 所示。单击"设计"选项卡下的"类型"中的"更改图表类型"按钮，选择"折线图"命令。

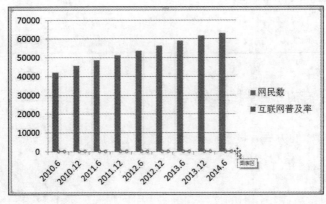

图 4

步骤 3：选中红色数据，单击鼠标右键，选择"设置数据系列格式"选项，选择"系列选项"，单击"次坐标轴"单选按钮；选择"数据标记选项"，单击"内置"单选按钮，选择一种标记类型"X"，适当设置"大小"，如图 5 所示；选择"标记线颜色"，选择"实线"，颜色设置为绿色，选择"标记线样式"，适当设置"宽度"。

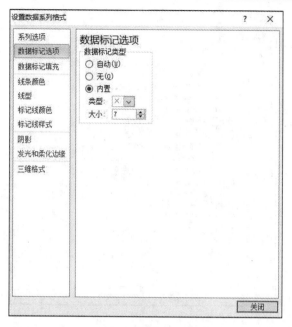

图 5

步骤 4：在图表中选择左侧的垂直轴，单击鼠标右键，选择"设置坐标轴格式"命令，按图 6 所示参数进行设置。

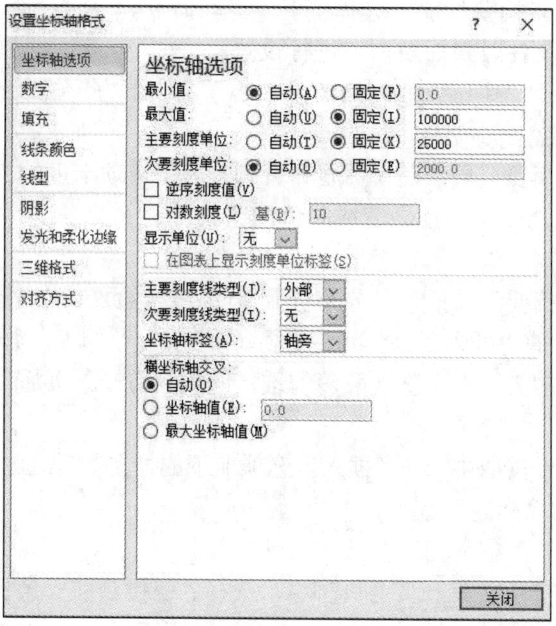

图 6

步骤 5：单击"图表工具"选项卡下的"布局"组中的"坐标轴标题"选项卡，选择"主要纵坐标轴标题"中的"旋转过的标题"项，输入文字"万人"，调整至合适位置。

步骤 6：按步骤 4 方法，设置右侧的次坐标轴垂直轴参数，如图 7 所示。

图 7

步骤 7：按要求输入图表标题，设置图例位置，将绿色的 X 型数据设置在上方。

7．操作提示 7

步骤 1：光标置于"前言"前，单击"页面布局"选项卡下的"页面设置"下的"分隔符"按钮，将光标置于"报告摘要"前，选择"下一页"命令。

步骤 2：参考样例文件、封面及前言进行设置。

步骤 3：将光标置于"中国互联网络信息中心"文字上方，插入素材图片"Logo.jpg"并对其进行裁剪，适当调整大小。

步骤 4：双击报告摘要页眉，在"页眉和页脚工具"选项卡下的"设计"选项卡下，取消勾选"链接到前一条页眉"项，使之变成灰色按钮。

8．操作提示 8

步骤 1：在"报告摘要"前插入"分节符"下的"奇数页"，在空白页面中，选择"引用"选项卡下的"目录"下的"插入目录"命令。

步骤 2：双击目录的第一页页脚，取消勾选"链接到前一条页眉"项，按要求设置格式并播放页码。

步骤 3：将光标置于页眉中，在"插入"选项卡下的"文本"组中单击"文档部件"按钮，选择"文档属性"下的"标题"选项。

9．操作提示 9

步骤 1：将光标置于正文第一页的页脚中，选择"链接到前一条页眉"按钮，勾选"奇偶页不同"复选框。

步骤 2：将光标置于正文第一页的页眉中，仿照前面步骤进行设置。

步骤 3：将光标置于该页眉中页码的左侧，在"插入"选项组中单击"文档部件"按钮，选择"域"命令，按图 8 所示进行设置。

步骤 4：按题目要求设置奇偶页的页眉格式。

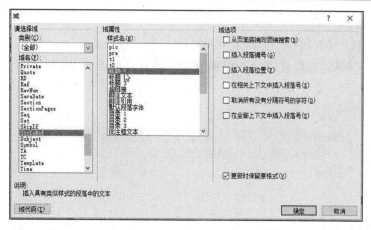

图 8

10. 操作提示 10

步骤 1：使用"查找和替换"功能删除全部的西文空格。

步骤 2：选中目录右键，选择"更新整个目录"命令。

5.3.2 电子表格题

1. 操作提示 1

步骤 1：打开考生文件夹下的"Excel 素材.docx"文件。

步骤 2：单击"文件"选项卡下的"另存为"按钮，弹出"另存为"对话框，在该对话框中将"文件名"设为"Excel"，将其保存于考生文件夹下。

2. 操作提示 2

步骤 1：选中"销售业绩表"中的 J3 单元格。

步骤 2：在 J3 单元格中输入公式"=SUM(D3:I3)"，按回车键确认输入。

步骤 3：使用鼠标拖拽 J3 单元格右下角的填充柄，向下填充到 J46 单元格。

3. 操作提示 3

步骤 1：选中"销售业绩表"中的 K3 单元格。

步骤 2：在 K3 单元格中输入公式"="第"&RANK.EQ([@个人销售总计],[个人销售总计])&"名""，按回车键确认输入。

步骤 3：使用鼠标拖拽 K3 单元格右下角的填充柄，向下填充到 K46 单元格，如图 1 所示。

员工编号	姓名	销售团队	一月份	二月份	三月份	四月份	五月分	六月份	个人销售总计	销售排名
XS28	程小丽	销售1部	¥ 66,500.00	¥ 92,500.00	¥ 95,500.00	¥ 98,000.00	¥ 86,500.00	¥ 71,000.00	510,000.00	第3名
XS7	张艳	销售1部	¥ 73,500.00	¥ 91,500.00	¥ 64,500.00	¥ 93,500.00	¥ 84,000.00	¥ 87,000.00	494,000.00	第10节
XS41	卢红	销售1部	¥ 75,500.00	¥ 62,500.00	¥ 87,000.00	¥ 94,500.00	¥ 78,000.00	¥ 91,000.00	488,500.00	第13名
XS1	刘朗	销售1部	¥ 78,500.00	¥ 98,500.00	¥ 68,000.00	¥ 100,000.00	¥ 96,000.00	¥ 66,000.00	508,000.00	第5名
XS15	杜月	销售1部	¥ 82,050.00	¥ 83,500.00	¥ 90,500.00	¥ 97,000.00	¥ 65,150.00	¥ 99,000.00	497,200.00	第9名
XS30	张成	销售1部	¥ 82,500.00	¥ 78,000.00	¥ 81,000.00	¥ 96,500.00	¥ 96,500.00	¥ 57,000.00	491,500.00	第11名
XS29	卢红燕	销售1部	¥ 84,500.00	¥ 71,000.00	¥ 99,500.00	¥ 89,500.00	¥ 84,000.00	¥ 58,000.00	487,000.00	第14名
XS17	李佳	销售1部	¥ 87,500.00	¥ 83,500.00	¥ 67,500.00	¥ 98,500.00	¥ 78,500.00	¥ 94,000.00	489,500.00	第12名
SC14	杜月红	销售2部	¥ 88,000.00	¥ 82,500.00	¥ 83,000.00	¥ 75,500.00	¥ 62,000.00	¥ 85,000.00	476,000.00	第16名
SC39	李成	销售2部	¥ 92,000.00	¥ 64,000.00	¥ 97,000.00	¥ 93,000.00	¥ 75,000.00	¥ 93,000.00	514,000.00	第2名
XS26	张红军	销售1部	¥ 93,000.00	¥ 71,500.00	¥ 92,000.00	¥ 96,500.00	¥ 87,000.00	¥ 61,000.00	501,000.00	第7名

图 1

4. 操作提示 4

步骤 1：选中"按月统计"工作表中的 B3:G3 单元格区域。

步骤 2：单击鼠标右键，在弹出的快捷菜单中选择"设置单元格格式"命令，弹出"设置单元格格式"对话框，在"数字"选项卡中选择"分类"列表框中的"百分比"命令，将右侧的"小数位数"设置为 2，单击"确定"按钮，如图 2 所示。

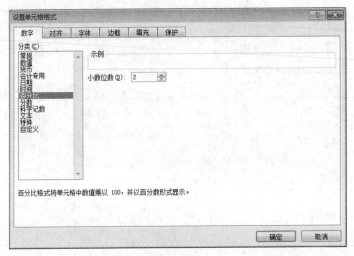

图 2

步骤 3：选中 B3 单元格，输入公式"=COUNTIF(表1[一月份],">60000")/COUNT(表 1[一月份])"，按回车键确认输入。

步骤 4：使用鼠标拖拽 B3 单元格的填充柄，向右填充到 G3 单元格，如图 3 所示。

	B3	fx	=COUNTIF(表1[一月份],">60000")/COUNT(表1[一月份])			
	A	B	C	D	E	F	G
1	Contoso公司上半年销售统计表（按月统计）						
2		一月份	二月份	三月份	四月份	五月份	六月份
3	销售达标率	95.45%	93.18%	97.73%	90.91%	88.64%	90.91%

图 3

5. 操作提示 5

步骤 1：选中"按月统计"工作表中的 B4:G6 区域。

步骤 2：单击鼠标右键，在弹出的快捷菜单中选择"设置单元格格式"命令，弹出"设置单元格格式"对话框，在"数字"选项卡中选择"分类"列表框中的"会计专用"命令，将右侧的"小数位数"设置为 2"货币符号（国家/地区）"设置为人民币符号￥，单击"确定"按钮。

步骤 3：选中 B4 单元格，输入公式"=LARGE(表 1[一月份],1)"，按回车键确认输入。

步骤 4：使用鼠标拖拽 B4 单元格的填充柄，向右填充到 G4 单元格。

步骤 5：选中 B5 单元格，输入公式"=LARGE(表 1[一月份],2)"，按回车键确认输入。

步骤 6：使用鼠标拖拽 B5 单元格的填充柄，向右填充到 G5 单元格，然后把 E5 单元格中的公式"=LARGE(表 1[四月份],2)"改为"=LARGE(表 1[四月份],3)"。

步骤 7：选中 B6 单元格，输入公式"=LARGE(表 1[一月份],3)"，按回车键确认输入。

步骤 8：使用鼠标拖拽 B6 单元格的填充柄，向右填充到 G6 单元格，然后把 E6 单元格中的公式"=LARGE(表 1[四月份],3)"改为"=LARGE(表 1[四月份],4)"。（说明：本题修改 E5 和 E6 单元格中的公式，是因为销售第一名业绩有两位，为了数据不重复，E5 和 E6 分别取第三名和第四名的业绩，如图 4 所示。）

图 4

6. 操作提示 6

步骤 1：选中"按部门统计"工作表中的 A1 单元格。

步骤 2：单击"插入"选项卡下的"表格"组中的"数据透视表"按钮，弹出"创建数据透视表"对话框，单击"表/区域"文本框右侧的"折叠对话框"按钮，使用鼠标单击"销售业绩表"并选择数据区域 A2:K46，按回车键展开"创建数据透视表"对话框，最后单击"确定"按钮，如图 5 所示。

步骤 3：拖拽"按部门统计"工作表右侧的"数据透视表字段列表"中的"销售团队"字段到"行标签"区域中。

步骤 4：拖拽"销售团队"字段到"数值"区域中。

步骤 5：拖拽"个人销售总计"字段到"数值"区域中。

步骤 6：单击"数值"区域中的"个人销售总计"右侧的下拉三角形按钮，在弹出的快捷菜单中选择"值字段设置"命令弹出"值字段设置"对话框，选择"值显示方式"选项卡，在"值显示方式"下拉列表框中选择"全部汇总百分比"项，单击"确定"按钮，如图 6 所示。

图 5　　　　　　　　　　　　　　　　　　　图 6

步骤 7：双击 A1 单元格，输入标题名称"部门"；双击 B1 单元格，在弹出的"值字段设置"对话框中的"自定义名称"文本框中输入"销售团队人数"，单击"确定"按钮，如图 7 所示；双击 C1 单元格，在弹出的"值字段设置"对话框中的"自定义名称"文本框中输入"各部门所占销售比例"，单击"确定"按钮。

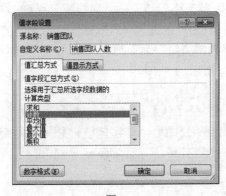

图7

7. 操作提示7

步骤1：选中"销售评估"工作表中的A2:G5单元格区域。

步骤2：单击"插入"选项卡下的"图表"组中的"柱形图"按钮，在列表框中选择"堆积柱形图"如图8所示。

步骤3：选中创建的图表，在"图表工具"选项卡下的"布局"选项卡下，单击"标签"组中的"图表标题"下拉按钮，选择"图表上方"命令，如图9所示。选中添加的"图表标题"文本框，将图表标题修改为"销售评估"。

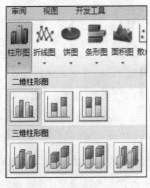

图8

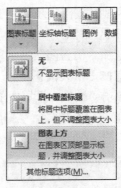

图9

步骤4：单击"图表工具"选项卡下的"设计"选项卡下的"图表布局"组中的"布局3"样式。

步骤5：单击选中图表区中的"计划销售额"图形，单击鼠标右键，在弹出的快捷菜单中选择"设置数据序列格式"命令，弹出"设置数据序列格式"对话框，选中左侧列表框中的"系列选项"项，拖拽右侧"分类间距"中的滑动块，将比例调整到25%；选中将"系列绘制在"选项组中的"次坐标轴"单选按钮，如图10所示。

步骤6：选择左侧列表框中的"填充"命令，在右侧的"填充"选项组中选择"无填充"项。

步骤7：选择左侧列表框中的"边框颜色"命令，在右侧的"边框颜色"选项组中选择"实线"项，将颜色设置为标准色的"红色"。

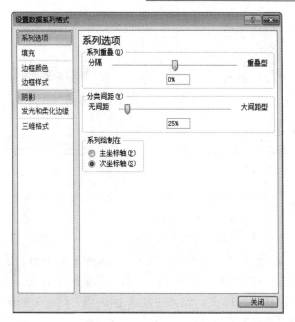

图 10

步骤 8：选择左侧列表框中的"边框样式"命令，在右侧的"边框样式"选项组中将"宽度"设置为"2 磅"，单击"关闭"按钮。

步骤 9：单击选中图表右侧出现的"次坐标轴垂直（值）轴"，使用 Delete 键将其删除。

步骤 10：适当调整图表的大小及位置。

5.3.3　演示文稿题

1．操作提示 1

步骤 1：在考生文件夹下，新建一个空白 PPT 演示文稿文件，将文件名修改为"PPT.pptx"。

步骤 2：打开"PPT.pptx"文件，单击"开始"选项卡下的"幻灯片"组中的"新建幻灯片"按钮，在下拉列表中选择"幻灯片（从大纲）"命令，弹出"插入大纲"对话框，浏览选择考生文件夹下的"PPT 素材.docx"文件，单击"插入"按钮。

2．操作提示 2

步骤 1：选中第 1 张幻灯片，在"开始"选项卡下将"版式"设为"标题幻灯片"。

步骤 2：单击"插入"选项卡下的"图像"组中的"剪贴画"按钮，在"剪贴画"设置对话框中单击右侧的"搜索"按钮，选择任意一张图片，适当调整图片大小，并将图片移动到页面的右下角位置。

步骤 3：依次选中"标题"文本框、"副标题"文本框和图片，在"动画"选项卡下选择不同的进入动画效果；将"副标题"动画效果的"效果选项"设置为"作为一个对象"。

步骤 4：单击"高级动画"组的"动画窗格"按钮，打开"动画窗格"窗格，如图 1 所示，向上拖拽"Picture 3"到 1 的位置，将其动画顺序号调整为 1；按照同样的方法，将"副标题"的动画顺序号调整为 2；将"标题"动画顺序号调整为 3。调整后的结果如图 2 所示。

3．操作提示 3

步骤 1：选中第 2 张幻灯片，将"版式"设置为"两栏内容"。

图1

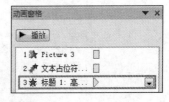

图2

步骤2：参考考生文件夹中的"PPT素材.docx"文件，选中左侧文本框中的"科技服务业促进"及其后面的内容，剪切后粘贴到右侧的内容框中。

步骤3：选中左侧文本框，鼠标右键单击文本内容，在弹出的快捷菜单中，选择"转换为SmartArt"下的"其他SmartArt图形"命令，弹出"选择SmartArt图形"对话框，单击"列表"下的"垂直框列表"，单击"确定"按钮。选中该SmartArt对象，在"设计"选项卡下的"SmartArt样式"组中选择一种样式，如"三维/平面场景"，如图3所示；单击"更改颜色"按钮，在下拉列表中选择一种颜色，如"彩色-强调文字颜色"，如图4所示。

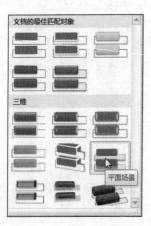

图3

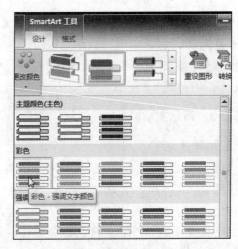

图4

步骤4：选中右侧文本框，按上述步骤3的方法，在"选择SmartArt图形"对话框中，选择"关系"下的"射线维恩图"命令，单击"确定"按钮，在"Smart-Art样式"和"更改颜色"中适当改变样式和颜色。

步骤5：选中左侧文本框中的"高新技术企业认定"，单击"插入"选项卡下的"链接"组中的"超链接"按钮，弹出"插入超链接"对话框，选择左侧的"本文档中的位置"命令，选择右侧的第4张幻灯片，如图5所示，单击"确定"按钮。

步骤6：按照上述步骤5同样的方法，选择右侧图形中的文本"技术合同登记"，链接到文稿的第25张幻灯片。

4．操作提示4

步骤1：选中第3张幻灯片，在页面中选中第2段文本（北京市科委……），单击"开始"

选项卡下的"段落"组中的"提高列表级别"按钮，将该段落向右缩进一级，如图 6 所示。

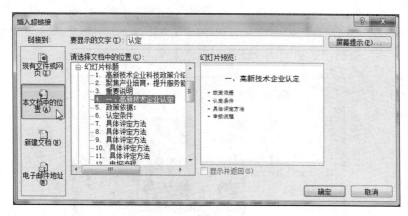

图 5

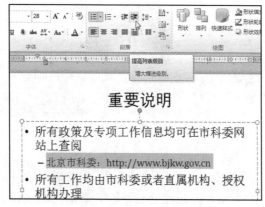

图 6

步骤 2：选中第 2 段文本，将字体颜色设为"标准色/红色"。选中网址内容，单击鼠标右键，选择"超链接"命令，弹出"插入超链接"对话框，单击左侧的"现有文件和网页"，在右侧对话框下方的"地址"栏中输入网页地址"http://www.bjkw.gov.cn/"，如图 7 所示，单击"确定"按钮。

图 7

步骤3：单击"设计"选项卡下的"主题"组中的"颜色"按钮，在下拉列表框中选择"新建主题颜色"命令，弹出"新建主题颜色"对话框，在"超链接"右侧的颜色选择列表中选择"标准色/红色"；在"已访问的超链接"右侧的颜色选择列表中选择"标准色/蓝色"，如图 8 所示，单击"保存"按钮。

图 8

步骤4：在"动画"组中为标题和文本内容添加不同的动画效果。在"高级动画"组中单击"动画窗格"按钮，单击窗格中"2 文本占位符……"右侧的下拉三角形按钮，在下拉列表中选择"效果选项"，如图 9 所示，弹出相应动画的对话框，在该对话框中的"效果"选项卡中将"声音"设置为"捶打"，如图 10 所示。切换到"正文文本动画"选项卡，将"组合文本"设置为"按第二级段落"，如图 11 所示。单击"确定"按钮。

图 9

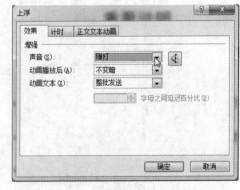

图 10

5. 操作提示 5

步骤1：选中第 6 张幻灯片，将幻灯片"版式"设为"标题和内容"。

步骤2：参考考生文件夹中的"PPT 素材.docx"文件，单击"插入"选项卡下的"表格"

组中的"表格"下拉按钮，插入 7 行 2 列的表格。

图 11

步骤 3：参考素材文件中的内容，输入标题并复制相关段落文字到表格的相应单元格中，适当调整表格中的字体大小并给表格指定一种合适的表格样式，最后将内容文本框删除。

步骤 4：选中表格对象，在"动画"选项卡下选择一种动画效果。

步骤 5：选中第 11 张幻灯片，将"版式"设置为"内容与标题"，插入考生文件夹中的"Pic1.png"图片到右侧内容区。

6．操作提示 6

步骤 1：单击"视图"选项卡下的"母版视图"组中的"幻灯片母版"按钮，切换到"幻灯片母版视图"界面，选中第一个母版视图，插入考生文件夹下的"Logo.jpg"文件，适当调整图片的位置，使其位于母版页面的左上角。

步骤 2：选中插入的图片文件，单击鼠标右键，在弹出的快捷菜单中选择"置于底层"下的"置于底层"命令。

步骤 3：单击"幻灯片母版"选项卡下的"关闭母版视图"按钮。

步骤 4：单击"插入"选项卡下的"文本"组中的"幻灯片编号"按钮，弹出"页眉和页脚"对话框，如图 12 所示，勾选"日期和时间"复选框，选"自动更新"选项，在"自动更新"下拉列表中，选择"年月日"日期格式，勾选"幻灯片编号"和"标题幻灯片中不显示"复选框，设置完成后单击"全部应用"按钮。

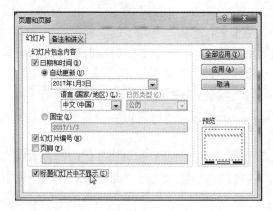

图 12

7. 操作提示 7

步骤 1：选择第一张幻灯片，单击鼠标右键，选择"新增节"。选中节名，单击鼠标右键，重命名节为"高新科技政策简介"。按照同样的方法，选中第 4 张幻灯片，单击鼠标右键，选择"新增节"命令，设置节名为"高新技术企业认定"。其他节的设置方法相同。

步骤 2：选中第 1 节的标题"高新科技政策简介"，在"设计"选项卡下选择一种主题样式；在"切换"选项卡下选择一种切换方式。按同样的方法为其他节设置不同的主题样式和幻灯片切换方式。

5.4 第 4 套考试真题操作提示

5.4.1 字处理题

1. 操作提示 1

打开考生文件夹下的"Word 素材.docx"文件，另存为"word.docx"。将其保存于考生文件夹下。

2. 操作提示 2

步骤 1：单击"页面布局"选项卡下的"页面设置"组中右下角的对话框启动器按钮，弹出"页面设置"对话框。

步骤 2：选择"纸张"选项卡，将"纸张大小"设置为"A4"；选择"页边距"选项卡，将上、左、右微调框数值设置为 2.5 厘米，将下微调框的数值设置为 2 厘米；选择"版式"选项卡，将"距边界"对应的"页眉"和"页脚"分别调整为 1 厘米。设置完成后单击"确定"按钮，关闭对话框。

3. 操作提示 3

步骤 1：单击"插入"选项卡下的"页眉和页脚"组中的"页眉"按钮，在下拉列表中选择"空白（三栏）"命令。

步骤 2：在页眉左侧内容控件中输入文本"北京市向阳路中学"；选中中间内容控件，按 Delete 键将其删除；选中右侧内容控件，单击"插入"选项卡下的"插图"组中的"图片"按钮，在弹出的"插入图片"对话框中选择考生文件夹下的"Logo.gif"图片文件，单击"插入"按钮。

步骤 3：适当调整插入的图片长度，使其与学校名称占用同一行。

步骤 4：将光标置于页眉位置，单击"开始"选项卡下的"段落"组中的"下框线"按钮，在下拉列表中选择"边框和底纹"命令，弹出"边框和底纹"对话框。

步骤 5：在"边框"选项卡下的"设置"组中选择"自定义"项，在"样式"中选择"上宽下细"双线型线条样式；在"颜色"中选择"标准/红色"；在"宽度"中选择 2.25 磅；在"应用于"中选择"段落"；在右侧的"预览"中单击"下边框"按钮，设置完成后单击"确定"按钮，如图 1 所示。

步骤 6：单击"插入"选项卡下的"页眉和页脚"组中的"页脚"按钮，在下拉列表中选择"瓷砖型"，在"地址"内容控件中输入文本"北京市海淀区中关村北大街 55 号　　邮编：100871"，如图 2 所示。

步骤 7：单击"页眉和页脚工具"选项卡下的"设计"组中的"关闭页眉和页脚"按钮。

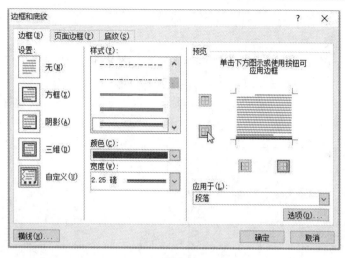

图 1

图 2

4. 操作提示 4

步骤 1：选中整个表格，单击"表格工具"选项卡下的"布局"组下的"单元格大小"组中的"自动调整"按钮，在下拉列表中选择"根据窗口自动调整表格"命令，如图 3 所示。

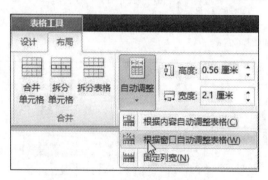

图 3

步骤 2：选中表格中的语文、数学、英语、物理、化学 5 科成绩所在的列，单击"表格工具"选项卡下的"布局"组下的"单元格大小"组中的"分布列"按钮。

5. 操作提示 5

步骤 1：设置表格样式。

1）选择最后蓝色文本，单击"插入"选项卡下的"表格"组中的"文本转换成表格"命令，在弹出的"将文字转换成表格"对话框中的"文字分隔位置"中选中"制表符"单选按钮，单击"确定"按钮，如图 4 所示。

2）参考"回执样例.png"文件，选中表格的第 1 行，单击"表格工具"选项卡下的"布局"组下的"合并"组中的"合并单元格"按钮，将表格第 1 行所有单元格合并为一个单元格。

3）参考"回执样例.png"文件，合并其他单元格，并适当调整各行的高度及宽度，使其与参考样式文件一致。

4）将光标置于第6行第1列单元格内，单击"表格工具"选项卡下的"布局"组下的"对齐方式"组中的"文字方向"按钮，使文字方向为纵向。

5）选中整个表格，单击"表格工具"选项卡下的"布局"组下的"对齐方式"组中的"水平居中"按钮。按同样的方式，选中第5行，单击"居右"按钮，如图5所示。

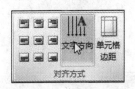

图4   图5

步骤2：设置表格边框颜色及样式。

1）选中表格的所有单元格，单击"表格工具"选项卡下的"设计"组下的"表格样式"组中的"边框"按钮，从下拉列表框中选择"边框和底纹"命令，弹出"边框和底纹"对话框。

2）选择"边框"选项卡，选择"设置"组中的"方框"命令，将"样式"设置为"斜条线"，将"颜色"设置为标准色的"紫色"，将"宽度"设置为"3.0磅"，在右侧的"应用于"中选择"单元格"，如图6所示。

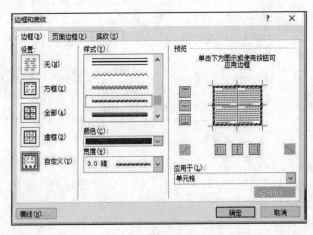

图6

3）设置完成后继续单击左侧"设置"组中的"自定义"按钮，将"样式"设置为"单实线"，将"颜色"设置为标准色的"紫色"，将"宽度"设置为"0.5磅"，单击右侧"预览"中的"中心位置"，添加内框线，在右侧的"应用于"中选择"单元格"，设置完成后单击"确定"按钮。

步骤 3：设置表格标题。

1）选择表格第 1 行，单击"表格工具"选项卡下的"设计"组下的"绘图边框"组中的"擦除"按钮，此时鼠标光标变为"橡皮擦"形状，逐个单击表格第 1 行上、左、右三个边框线，将其擦除，擦除完成后，再次单击"擦除"按钮。

2）选中表格中的标题行文字，单击"开始"选项卡下的"字体"组中的"字体颜色"按钮，将字体颜色设置为"黑色"，将"字号"适当进行大小的调整。

3）设置表格中其余字体颜色为"黑色"，选中表格"是否参加"行中所有单元格，单击"开始"选项卡下的"字体"组中的"加粗"按钮。

6．操作提示 6

步骤 1：将光标置于"尊敬的"和"学生家长"之间，单击"邮件"选项卡下的"开始邮件合并"组中的"开始邮件合并"下拉按钮，在下拉列表中选择"邮件合并分布向导"命令，弹出"邮件合并"任务窗格。

步骤 2：邮件合并分步向导第 1 步。保持默认设置，单击"下一步：正在启动文档"超链接。

步骤 3：邮件合并分步向导第 2 步。保持默认设置，单击"下一步：选取收件人"超链接。

步骤 4：邮件合并分步向导第 3 步。单击"浏览"超链接，启动"选取数据源"对话框，在考生文件夹下选择"学生成绩表.xlsx"文件，单击"打开"按钮，弹出"选择表格"对话框，选中工作表"初三 14 班期中成绩"，单击"确定"按钮弹出"邮件合并收件人"对话框，保持默认设置，单击"确定"按钮。返回到 Word 文档后，单击"下一步：撰写信函"超链接。

步骤 5：邮件合并分步向导第 4 步。

1）在"撰写信函"区域中选择"其他项目"超链接，弹出"插入合并域"对话框，在"域"列表框中选择"姓名"域，单击"插入"按钮，单击"关闭"按钮。

2）将鼠标光标置于"期中考试成绩报告单"表格的"姓名"对应的单元格中，单击右侧的"其他项目"弹出"插入合并域"对话框，在"域"列表框中选择"姓名"，单击"插入"按钮，单击"关闭"按钮。

3）按照 2）中同样的方法，将光标置于各个需要插入域的单元格中，插入合并域。

4）选中"语文"域名，单击鼠标右键，在弹出的快捷菜单中选择"切换域代码"，如图 7 所示。此时域名位置切换为域代码形式，将域代码修改为"{MERGEFIELD"语文"\#"0.00"}"，然后右击鼠标选择"更新域代码"命令即可设置"语文"成绩保留两位小数。

5）按照 4）中的同样方法设置其余各个域名中的域代码。

6）将工作表"初三 14 班期中成绩"中最后一行平均分复制到表格最后一行相应的单元格中。

7．操作提示 7

步骤 1：设置字体格式。

1）选中红色标题"家长会通知"和"期中考试成绩报告单"，单击"开始"选项卡下的"字体"组中右下角的对话框启动器按钮，弹出"字体"设置对话框，设置合适的字体、字号及颜色。

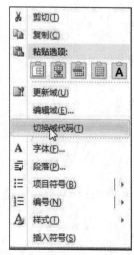

图 7

2）选中黑色文本，按上述 1）中同样的方式设置合适的字体、字号及颜色。

步骤 2：设置段落格式。

1）选中红色标题文字，单击"开始"选项卡下的"段落"组中的"居中"按钮。

2）选中正文第二段至第七段（"时光荏苒……身体健康，万事如意"），单击"开始"选项卡下的"段落"组中右下角的对话框启动器按钮，弹出"段落"设置对话框，设置合适的段落间距、缩进及对齐方式，确保整个通知只占用一页。

3）将"特殊格式"设置为"首行缩进"；将"磅值"设置为"2 字符"；将"行距"设置为"1.5 倍行距"；正文最后两段落款文字设置为"右对齐"。

8．操作提示 8

步骤 1：继续操作提示 6，单击"下一步：预览信函"按钮，进入邮件合并分步向导第 5 步。单击"编辑收件人列表"按钮，弹出"邮件合并收件人"对话框，取消全选复选框，只选择学号为 C121401－C121405、C121416－C121420、C121440－C121444 的 15 位同学，单击"确定"按钮，如图 8 所示。

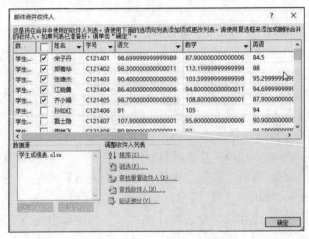

图 8

步骤 2：单击"下一步：完成合并"超链接，进入邮箱合并分步向导第 6 步。选择"编辑单个信函"命令，弹出"合并到新文档"对话框，默认选中"全部"，单击"确定"按钮。

步骤 3：单击"保存"按钮，将文件命名为"正式家长会通知.docx"，保存到考生文件夹下。

步骤 4：关闭"正式家长会通知.docx"文件。

9．操作提示 9

单击"保存"按钮，保存"Word.docx"文件，关闭"Word.docx"文件。

5.4.2　电子表格题

1．操作提示 1

打开考生文件夹下的"Excel 素材.xlsx"素材文件，选择"文件"选项卡下的"另存为"命令，弹出"另存为"对话框，在文件名输入文本框中输入"Excel.xlsx"，将文件保存到考生文件夹下，单击"确定"按钮。

2. 操作提示 2

步骤 1：在工作簿底部，鼠标右击"年终奖金"工作表表名，在弹出的快捷菜单中选择"插入"命令，如图 1 所示，弹出"插入"对话框，默认选择"工作表"项，如图 2 所示，单击"确定"按钮。

图 1

图 2

步骤 2：双击新插入的工作表名，对工作表进行重命名，名称为"员工基础档案"，在该工作表表名处，单击鼠标右键，在弹出的快捷菜单中鼠标指向"工作表标签颜色"项，在级联菜单中选择"标准色/红色"，如图 3 所示。

3. 操作提示 3

步骤 1：选中"员工基础档案"工作表的 A1 单元格，单击"数据"选项卡下的"获取外部数据"功能组中的"自文本"按钮，如图 4 所示，弹出"导入文本文件"对话框，选择考生文件夹下的"员工档案.csv"文本，单击"导入"按钮，如图 5 所示。

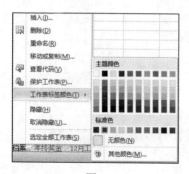

图 3

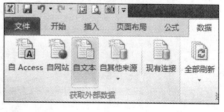

图 4

步骤 2：弹出"文本导入向导 - 第 1 步，共 3 步"对话框，在该对话框中的"文件原始格式"对应的列表框中选择"20936：简体中文（GB2312-80）"，单击"下一步"按钮，如图 6 所示。

步骤 3：弹出"文本导入向导 - 第 2 步，共 3 步"对话框，勾选"分隔符号"中的"逗号"复选框，单击"下一步"按钮，如图 7 所示。

步骤 4：弹出"文本导入向导 - 第 3 步，共 3 步"对话框，在"数据预览"中，选中"身份证号"列，单击"列数据格式"中的"文本"按钮，如图 8 所示；按照同样方法，将"出生日期"列和"入职时间"列设置为"日期"类型，如图 9 所示；设置完成后，单击"完成"按钮，弹出"导入数据"对话框，采用默认设置，单击"确定"按钮，如图 10 所示。

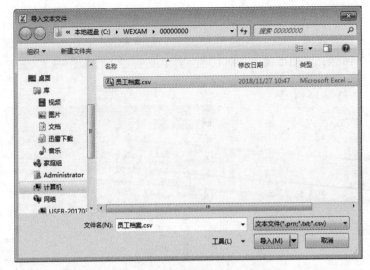

图 5

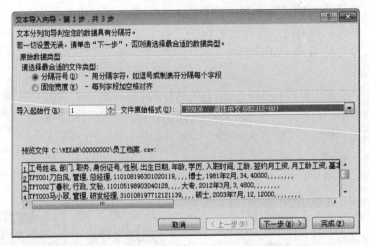

图 6

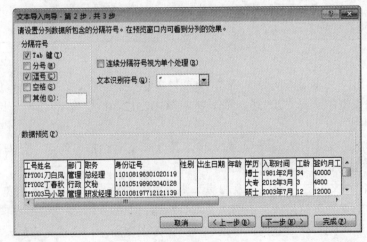

图 7

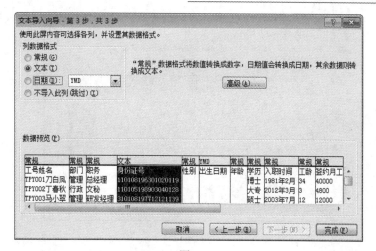

图 8

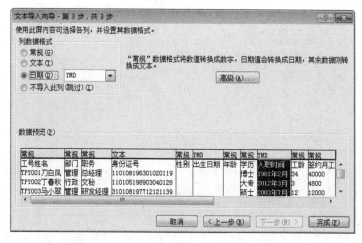

图 9

步骤 5：选中工作表中的"部门"列，单击鼠标右键，在弹出的快捷菜单中选择"插入"命令，则在该列左侧插入一空白列。

步骤 6：将光标置于工作表中的 A1 单元格中的"号"字之后，在键盘上单击两次空格键，然后选中整个 A 列内容，单击"数据"选项卡下的"数据工具"功能组中的"分列"按钮，如图 11 所示，弹出"文本分列向导 - 第 1 步，共 3 步"对话框。

图 10

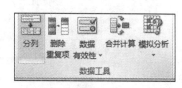

图 11

步骤 7：选中"原始数据类型"中的"固定宽度"单选按钮，单击"下一步"按钮，弹出"文本分列向导 - 第 2 步，共 3 步"对话框，如图 12 所示。

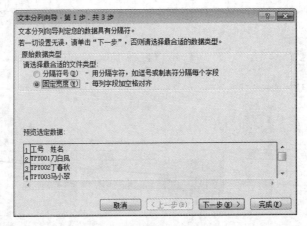

图 12

步骤 8：在"数据预览"中，将黑色箭头移动到"姓名"列之前的位置，如图 13 所示。

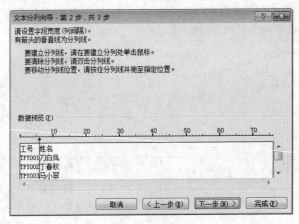

图 13

步骤 9：单击"下一步"按钮，弹出"文本分列向导 - 第 3 步，共 3 步"对话框，单击选中"数据预览"中的"工号"列，在"列数据格式"中，将数据类型设置为"文本"，如图 14 所示，最后单击"完成"按钮。

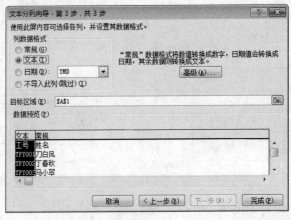

图 14

步骤 10：选中工作表中的 L、M、N 三列数据区域，单击鼠标右键，在弹出的快捷菜单中选择"设置单元格格式"命令，如图 15 所示，弹出"设置单元格格式"对话框，在左侧的"分类"中选择"会计专用"项，将"货币符号"设置为"无"，如图 16 所示，单击"确定"按钮。

图 15　　　　　　　　　　　　　　　　　　　图 16

步骤 11：选中工作表中的所有行，单击"开始"选项卡下的"单元格"功能组中的"格式"按钮，在下拉列表中选择"行高"命令，弹出"行高"设置对话框，输入行高值；按照同样方法，选中工作表的所有数据列，设置列宽。

步骤 12：单击"插入"选项卡下的"表格"功能组中的"表格"按钮，弹出"创建表"对话框，将"表数据的来源"设置为"$A$1:$N$102"，勾选"表包含标题"复选框，如图 17 所示，单击"确定"按钮，弹出"Microsoft Excel"对话框，单击"是"按钮。

步骤 13：在"表格工具/设计"选项卡下的"属性"功能组中，将"表名称"修改为"档案"，如图 18 所示。

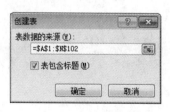

图 17　　　　　　　　　　　　　　　　　　　图 18

步骤 14：单击"快速访问工具栏"中的"保存"按钮。

4. 操作提示 4

步骤 1：在 F2 单元格中输入公式"=IF(MOD(MID(E2,17,1),2)=1,"男","女")"，输入完成后，按回车键确认输入。

步骤 2：在 G2 单元格中输入公式"=MID(E2,7,4)&" 年 "&MID(E2,11,2)&" 月 "&MID(E2,13,2)&" 日 ""，输入完成后，按回车键确认输入。

步骤 3：在 H2 单元格中输入公式"=INT(DAYS360([@出生日期],DATE(2015,9,30))/360)"，按回车键确认输入。

步骤 4：在 M2 单元格中输入公式"=IF([@工龄]>=30,[@工龄]*50,IF([@工龄]>=10,[@工龄]*30,IF([@工龄]>=1,[@工龄]*20,[@工龄]*0)))"，输入完成后，按回车键确认输入。

步骤 5：在 N2 单元格中输入公式"=L2+M2"，按回车键确认输入。

5. 操作提示 5

步骤 1：在工作簿底部，鼠标单击工作表"年终奖金"，在"年终奖金"工作表的 B4 单元格中输入公式"=VLOOKUP(A4,档案,2,0)"，按回车键确认输入，在 B4 单元格中双击填充柄向下填充到其他单元格中。

步骤 2：在"年终奖金"工作表 C4 单元格中输入公式"=VLOOKUP(A4,档案,3,0)"，按回车键确认输入，在 C4 单元格中双击填充柄向下填充到其他单元格中。

步骤 3：在"年终奖金"工作表的 D4 单元格中输入公式"=VLOOKUP(A4,档案,14,0)"，按回车键确认输入，在 D4 单元格中双击填充柄向下填充到其他单元格中。

步骤 4：在"年终奖金"工作表的 E4 单元格中输入公式"=D4*12*0.15"，按回车键确认输入，在 E4 单元格中双击填充柄向下填充到其他单元格中。

步骤 5：单击快速访问工具栏中的"保存"按钮。

6. 操作提示 6

步骤 1：在"年终奖金"工作表 F4 单元格中输入公式"=E4/12"，按回车键确认输入，在 C4 单元格中使用填充柄向下填充到其他单元格中。

步骤 2：在"年终奖金"工作表 G4 单元格中输入公式"=IF(F4<=1500,E4*0.03,IF(F4<=4500,E4*0.1-105,IF(F4<=9000,E4*0.2-555,IF(F4<=35000,E4*0.25-1005,IF(F4<=55000,E4*0.3-2755,IF(F4<=80000,E4*0.35-5505,E4*0.45-13505))))))"，在 G4 单元格中使用填充柄向下填充到其他单元格中。

步骤 3：在"年终奖金"工作表 H4 单元格中输入公式"=E4-G4"，按回车键确认输入，在 H4 单元格中使用填充柄向下填充到其他单元格中。

步骤 4：单击快速访问工具栏中的"保存"按钮。

7. 操作提示 7

步骤 1：在工作簿底部，鼠标单击工作表"12 月工资表"，在"12 月工资表"工作表 E4 单元格中输入公式"=VLOOKUP(A4,年终奖金!$A$4:$H$71,5,0)"，按回车键确认输入，在 E4 单元格中使用填充柄向下填充到其他单元格中。

步骤 2：在"12 月工资表"工作表 L4 单元格中输入公式"=VLOOKUP(A4,年终奖金!$A$4:$H$71,7,0)"，按回车键确认输入，在 L4 单元格中使用填充柄向下填充到其他单元格中。

步骤 3：在"12 月工资表"工作表 M4 单元格中输入公式"=H4-I4-K4-L4"，按回车键确认输入，在 M4 单元格中使用填充柄向下填充到其他单元格中。

步骤 4：单击快速访问工具栏中的"保存"按钮。

8. 操作提示 8

步骤 1：在工作簿底部，鼠标单击工作表"工资条"，在"工资条"工作表 A2 单元格中输入公式"=CHOOSE(MOD(ROW(),3)+1,OFFSET('12 月工资表 '!A$3,ROW()/3,),"",'12 月工资表 '!A$3)"，按回车键确认输入，在 A2 单元格中使用填充柄向右填充到 M2 单元格。

步骤 2：选中整个第 2 行数据内容，使用 M2 单元格的填充柄向下填充到第 4 行。

步骤 3：选中 A2:M3 单元格区域，单击"开始"选项卡下的"单元格"功能组中的"格式"按钮，从下拉列表中选择"自动调整列宽"命令；单击"字体"功能组中的"下框线"按钮，在下拉列表中选择"所有框线"命令。

步骤 4：选中 A2:M4 单元格区域，使用 M4 单元格的填充柄向下填充到第 205 行。

步骤 5：选中 A1:M1 单元格，单击"开始"选项卡下的"编辑"功能组中的"排序和筛选"按钮，在下拉列表中选择"筛选"命令。此时，第 1 行各单元格右侧均出现下拉箭头，单击 A1 单元格右侧的下拉箭头，在出现的列表框中取消"全选"，勾选"（空白）"，单击"确定"按钮，此时所有空白行全部筛选出来。

步骤 6：选中所有空白行（注意：只包括行号 1～205），单击"开始"选项卡下的"单元格"功能组中的"格式"按钮，从下拉列表中选择"行高"命令，弹出"行高"设置对话框，在单元格中输入 40，单击"确定"按钮。

步骤 7：单击 A1 单元格中的右侧的下拉箭头，在出现的列表框中勾选"全选"项，单击"确定"按钮。

步骤 8：单击"开始"选项卡下的"编辑"功能组中的"排序和筛选"按钮，取消第 1 行的筛选按钮，最后单击快速访问工具栏中的"保存"按钮。

9．操作提示 9

步骤 1：选中工作表 A1:M205 区域，单击"页面布局"选项卡下的"页面设置"功能组中的"打印区域"按钮，在下拉列表中选择"设置打印区域"命令；单击"页面设置"组中的启动器按钮，在弹出的对话框中选择页面方向为"横向"，如图 19 所示，单击"确定"按钮；单击"页边距"按钮，在下拉列表中选择"自定义边距"命令，如图 20 所示，弹出"页面设置"对话框，在"页边距"选项卡中，勾选居中方式中的"水平"选项，如图 21 所示。

图 19

图 20

步骤 2：切换到"页面"选项卡，选择"缩放"下的"调整为"单选按钮，使所有列显示在一页中，单击"确定"按钮。

步骤 3：单击快速访问工具栏中的"保存"按钮。

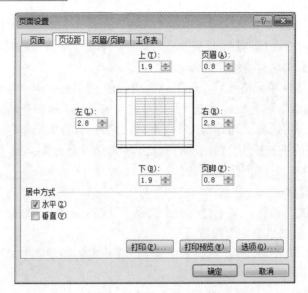

图 21

5.4.3 演示文稿题

1. 操作提示 1

步骤：在考试文件夹下新建 PowerPoint 演示文稿，命名为"PPT.pptx"。

2. 操作提示 2

步骤 1：单击"设计"选项卡下的"页面设置"功能组中的的"页面设置"按钮，弹出"页面设置"对话框，在对话框中将"幻灯片大小"设置为"全屏显示（16:9）"，单击"确定"按钮。

步骤 2：单击"视图"选项卡下的"母版视图"功能组中的"幻灯片母版"按钮，进入幻灯片母版视图；选中"Office 主题幻灯片母版"，然后选中该母版中的标题占位符，单击"开始"选项卡下的"字体"功能组右下角的对话框启动器按钮，弹出"字体"对话框，将"中文字体"设置为"微软雅黑"，将"西文字体"设置为"Arial"。单击"确定"按钮。选择"绘图工具/格式"选项卡下的"艺术字样式"功能组中的一种样式。按照同样的方法，将下方的内容文本框占位符中文字体设置为"幼圆"，西文字体设置为"Arial"。

步骤 3：选中"标题幻灯片"版式，单击"背景"功能组中的"背景样式"按钮，在下拉列表中选择"设置背景格式"命令，在弹出的对话框中选择"填充"组中的"图片或纹理填充"命令，单击下方的"文件"按钮，浏览并选中文件夹下的"背景 1.png"文件，单击"插入"按钮，然后单击"关闭"按钮，如图 1 所示。同时选中（按 Ctrl 键）"标题和内容"版式、"内容与标题"版式以及"两栏内容"版式，按照同样的方法，将文件夹下的"背景 2.png"作为上述三个版式的背景；最后单击"幻灯片母版"功能组中的"关闭幻灯片视图"按钮，退出幻灯片母版视图。

3. 操作提示 3

步骤 1：选中第 2 张幻灯片中的内容文本框，单击"开始"选项卡下的"段落"功能组中的"转换为 SmartArt"按钮，在下拉列表中选择"其他的 SmartArt 图形"命令，弹出"选择SmartArt 图形"对话框，选择左侧"列表"命令，在右侧选中"梯形列表"项，如图 2 所示，单击"确定"按钮，单击"设计"选项卡下的"SmartArt 样式"功能组中的"更改颜色"按钮，在下拉列表中选择"颜色轮廓_强调文字颜色 1"项。

图 1

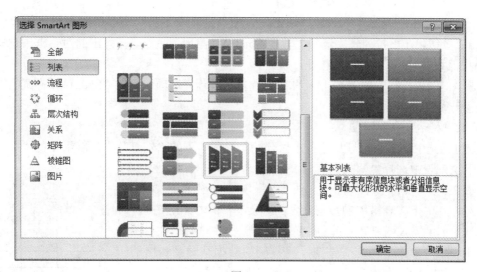

图 2

　　步骤 2：选中第 2 张幻灯片中 SmartArt 图形中的第 1 个形状，单击"格式"选项卡下的"形状样式"功能组中的"其他"按钮，在展开的列表框中选择"细微效果-水绿色，强调颜色 5"，如图 3 所示。

　　4. 操作提示 4

　　步骤 1：选中第 3 张幻灯片中的内容文本框，单击"开始"选项卡下的"段落"功能组中的"转换为 SmartArt"按钮，在下拉列表中选择"其他 SmartArt 图形"命令，在弹出的对话框中选择"列表/水平项目符号列表"项，单击"确定"按钮。

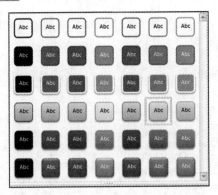

图 3

步骤 2：选中 SmartArt 对象，在"设计"选项卡下的"SmartArt 样式"功能组中选择一种样式，并适当调整图形的大小及位置。

5．操作提示 5

步骤 1：选中第 4 张幻灯片，单击"开始"选项卡下的"幻灯片"功能组中的"版式"按钮，在下拉列表中选择"内容与标题"项。

步骤 2：将右侧的首段文字剪切到左侧的文本框中，选中该段文字，"单击"开始选项卡下的"段落"功能组右下角的对话框启动器按钮，弹出"段落"对话框，在该对话框中将"行距"设为"双倍行距"，单击"确定"按钮。

步骤 3：选中右侧文本框对象，单击"开始"选项卡下的"段落"功能组中的"转换为 SmartArt"按钮，在下拉列表中选择"其他 SmartArt 图形"命令，在弹出的对话框中选择"流程/圆箭头流程"，单击"确定"按钮。

步骤 4：选中转换后的 SmartArt 图形，选择"设计"选项卡下的"SmartArt 样式"功能组中的任意一种样式。

6．操作提示 6

步骤 1：选中第 7 张幻灯片，单击"开始"选项卡下的"幻灯片"功能组中的"版式"按钮，在下拉列表中选择"两栏内容"。

步骤 2：参考文件夹下的图片文件"市场规模.png"图片效果，复制该幻灯片中上方表格中的数据，然后删除该表格。单击左侧内容文本框中的"插入图表"按钮，在弹出的对话框中选择"柱形图/堆积柱形图"，单击"确定"按钮，将复制的数据粘贴到弹出的 Excel 工作表中，同时删除多余的行列，如图 4 所示，然后关闭 Excel 工作簿。

	D11	f_x	
	A	B	C
1	年份	市场规模（亿元）	同比增长率（%）
2	2015年	394	
3	2016年	520.5	32.10%
4	2017年	673.5	29.40%
5	2018年	826.3	22.70%
6	2019年	1064.5	28.80%

图 4

步骤 3：复制该幻灯片下方表格中的数据，然后删除该表格。单击右侧内容文本框中的"插入图表"按钮，在弹出的对话框中选择"饼图/饼图"，单击"确定"按钮，将复制的数据粘贴到弹出的 Excel 工作表中，同时删除多余的行列，然后关闭 Excel 工作簿。

步骤 4：参考示例文件，适当调整图表的大小；选中左侧的柱形图对象，单击"图表工具/布局"选项卡下的"当前所选内容"功能组中的"图表元素"下拉按钮。在下拉列表中选择"系列（同比增长率%）"项，单击"设计"选项卡下的"类型"功能组中的"更改图表类型"

按钮，在弹出的对话框中选择"折线图/带数据标记的折线图"，单击"确定"按钮。

步骤 5：在绘图区中单击选中折线图，单击鼠标右键，在弹出的快捷菜单中选择"设置数据系列格式"命令，在弹出的对话框中选择"系列绘制在/次坐标轴"，单击左侧的"数据标记选项"，在右侧设置"数据标记类型"为"内置"且"类型"为圆形，"大小"为 7，关闭对话框。

步骤 6：单击"图表工具/布局"选项卡下的"标签"功能组中的"图表标题"按钮，在下拉列表中选择"图表上方"，输入图表标题"2016 年中国企业云服务整体市场规模"，适当调整字体大小，然后单击右侧的"图例"按钮，在下拉列表中选择在"底部显示图例"。

步骤 7：单击选中图表左侧的"主要坐标轴"，单击鼠标右键，在弹出的快捷菜单中选择"设置坐标轴格式"命令，弹出"设置坐标轴格式"对话框，在"坐标轴选项"选项卡中设置"主要刻度线类型"和"坐标轴标签"均为"无"，如图 5 所示；选择左侧的"线条颜色"命令，在右侧选择"无线条"项，单击"关闭"按钮。按照同样的方法设置右侧的"次要坐标轴"。

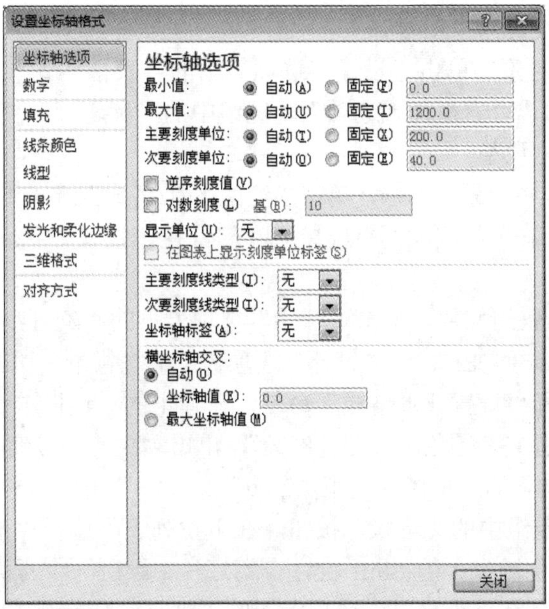

图 5

步骤 8：单击"图表工具/布局"选项卡下的"坐标轴"功能组中的"网格线"按钮，在下拉列表中选择"主要网格线/无"。

步骤 9：选中绘图区中的"系列'同比增长率（%）'"，单击"图表工具/布局"选项卡下的"标签"功能组中的"数据标签"按钮，在下拉列表中选择"右"，选中"数据标签"，单击鼠标右键，在弹出的快捷菜单中选择"设置数据标签格式"命令，在弹出的对话框中设置"数字/百分比/小数位数 1"，单击"关闭"按钮。选中绘图区中的"系列'市场规模（亿元）'"，单击鼠标右键，在弹出的快捷菜单中选择"设置数据系列格式"命令，在弹出的对话框中向左拖拽"分类间距"中的滑块儿，适当减少系列之间的间距。单击"图表工具/布局"选项卡下的"标签"功能组中的"数据标签"按钮，在下拉列表中选择"居中"。选中数据标签并单击鼠标右键，在弹出的快捷菜单中选择"数据标签格式"命令，在弹出的对话框中设置"数字/货币/小数位数 1/无符号",设置字体颜色为"白色,背景 1",单击"关闭"按钮,关闭对话框。

步骤 10:选中右侧"饼图"图表,在标题文本框中将原有文字删除并输入标题"2016 年中国公有云市场占比",适当调整文本大小。单击"图表工具/布局"选项卡下的"标签"功能组中的"图例"按钮,在下拉列表中选择"无"。单击右侧的"数据标签"按钮,在下拉列表中选择"其他数据标签选项"命令,弹出"设置数据格式"对话框,在"标签选项"中勾选"类别名称"和"百分比"两个复选框,单击"关闭"按钮,适当调整数据标签的大小和位置,使其符合示例样式。

7. 操作提示 7

步骤 1:选中第 12 张幻灯片,参考文件夹下的"行业趋势三.png"示例图片,选中第 1 列第 2 行和第 3 行单元格,单击"表格工具/布局"选项卡下的"合并"功能组中的"合并单元格"按钮,将两个单元格合并。按照同样的方法将最后 1 行第 1 个和第 2 个单元格合并。

步骤 2:选中表格对象,单击"表格工具/布局"选项卡下的"对齐方式"功能组中的"垂直对齐"和"居中"按钮,将表格中的内容设置为垂直和水平方向居中,按照参考样式,将"特点"列和"优缺点"列设置为"左对齐"。

步骤 3:选中表格对象,单击"设计"选项卡下的"表格样式"功能组中的"浅色样式 3-强调 1"样式,取消勾选"表格样式选项"功能组中的"标题行"复选框。适当调整各列列宽,可参考示例文件进行调整。

步骤 4:选中幻灯片中标题文本框,单击"绘图工具/格式"选项卡下的"艺术字样式"功能组中的"其他"按钮,在下拉列表框中选择"填充-红色,强调文字颜色 2,粗糙棱台"样式。

8. 操作提示 8

步骤 1:选中第 13 张幻灯片,单击"开始"选项卡下的"幻灯片"功能组中的"版式"按钮,在下拉列表中选择"空白"。在"设计"选项卡下的"背景"功能组中单击"背景样式"按钮,在下拉列表中选择"设置背景格式"命令,在弹出的对话框中设置"填充/纯色填充",填充颜色为"蓝色,强调文字颜色 1,淡色 80%",单击"关闭"按钮。

步骤 2:参考文件夹下的示例图"结束页.png"文件,单击"插入"选项卡下的"插图"功能组中的"形状"按钮,在下拉列表中选择"基本形状/椭圆"形状,按住键盘上的 Shift 键,在幻灯片中绘制一个正圆形,选中该图形,在"绘图工具/格式"选项卡下的"大小"功能组中,将形状高度和宽度都设置为 6 厘米,如图 6 所示。

图 6

步骤 3:单击"插入"选项卡下的"插图"功能组中的"形状"按钮,在下拉列表中选择"基本形状/太阳形"命令,在幻灯片中绘制一个太阳形,在"绘图工具/格式"选项卡下的"大小"功能组中,将形状高度和宽度都设置为 6 厘米,在"形状样式"功能组中单击"形状填充"按钮,在下拉列表中选择"白色,背景 1"。

步骤 4:选中正圆形,按住 Shift 键的同时再单击太阳形,两个图形同时被选中。单击"绘图工具/格式"选项卡下的"排列"功能组中的"对齐"按钮,在下拉列表中选择"对齐所选对象"命令,单击"对齐"按钮,在下拉列表中选择"上下居中""左右居中"命令。保持两个图形同时被选中的状态,单击快速访问工具栏中的"形状剪除"按钮,使正圆形按钮按照太阳形的轮廓被掏空内部,且原来的两个图形现在变为一个图形。

步骤 5:选中刚制作好的图形对象,单击"排列"功能组中的"对齐"按钮,在下拉列表中选择"左右居中"，在"形状样式"功能组中选择一种适合的样式。单击"大小"功能组右下角的对话框启动按钮，在弹出的"设置形状"格式对话框中的"位置"选项卡中设置"垂直"文本框值为 2.5 厘米，如图 7 所示，单击"关闭"按钮。

图 7

步骤 6：在幻灯片中单击"插入"选项卡下的"文本"功能组中的"艺术字"中的任意一种艺术字样式（不要选择"渐变填充-蓝色，强调文字颜色 1"艺术样式），在文本框中输入文本"CLOUD SHARE"。选中该文本框对象，单击"绘图工具/格式"选项卡下的"排列"功能组中的"对齐"按钮，在下拉列表中选择"左右居中"命令，单击"大小"功能组右下角的对话框启动器按钮，在弹出的对话框中设置"位置/垂直"值为 9.5 厘米，单击"关闭"按钮。

9.　操作提示 9

步骤 1：单机第 1 张幻灯片之前的位置，然后单击鼠标右键，在弹出的快捷菜单中选择"新增节"命令，在默认的节标题中单击鼠标右键，选择"重命名节标题名称"命令，输入标题名称为"封面"，如图 8 所示。

步骤 2：按照上述步骤 1 的方法，新增其他节。

10.　操作提示 10

步骤 1：选中第 1 节标题，选择"切换"选项卡下的"切换到此幻灯片"中的一种切换方法，单击"全部应用"按钮。

步骤 2：分别选中第 2 节、第 3 节和第 4 节的节标题，为各节标题设置一种单独的切换效果。

11.　操作提示 11

步骤 1：选中第 4 张幻灯片中的 SmartArt 图，选择"动画"选项卡下的"动画"功能组中的"淡出"命令设置进入动画效果，单击右侧"效果选项"按钮，在下拉列表中选择"逐个"，如图 9 所示。

图 8

图 9

步骤 2：选中第 7 张幻灯片中左侧的图表，单击"动画"选项卡下的"动画"功能组中的"擦除"命令设置进入动画效果，单击右侧"效果选项"按钮，在下拉列表中选择"按系列"。单击"高级动画"功能组中的"动画窗格"按钮，在右侧出现"动画窗格"窗格，单击选中第一项并右击，在弹出的快捷菜单中选择"删除"命令，如图 10 所示。再选中第一项，单击"动画"选项卡下的"动画"功能组中的"效果选项"按钮，在下拉列表中选择"自底部"。选中最后一项，将"计时"功能组中的"开始"设置为"上一动画之后"，将"延时"设置为 0.200，单击"效果选项"按钮，在下拉列表中选择"自左侧"。

步骤 3：选中第 7 张幻灯片中右侧图表，单击"动画"功能组中的"轮子"设置进入动画效果。

12. 操作提示 12

步骤 1：在"文件"选项卡下单击"检查问题"按钮，在下拉列表中选择"检查文档"命令，如图 11 所示，弹出"文档检查器"对话框，单击"检查"按钮，如图 12 所示，检查结束后，在出现的对话框中单击"批注和注释"右侧的"全部删除"按钮，最后单击"关闭"按钮，如图 13 所示。

图 10

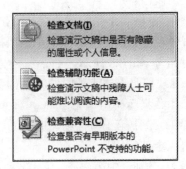

图 11

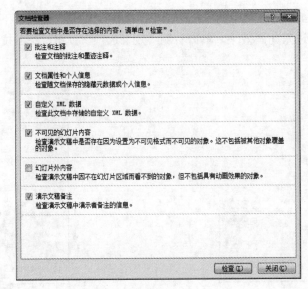

图 12

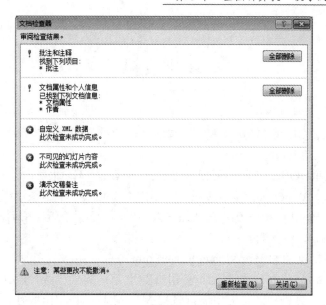

图 13

步骤 2：单击快速访问工具栏中的"保存"按钮，关闭所有打开的文件。

参考文献

[1] 华诚科技. Office 2010 从入门到精通（视频讲解+图解+技巧）[M]. 北京：机械工业出版社，2011.

[2] 吴华，兰星. Office 2010 办公软件应用标准教程[M]. 北京：清华大学出版社，2012.

[3] 九天科技. Word/Excel 高效办公全图解[M]. 北京：中国铁道出版社，2014.

[4] 刘静宜. Word/Excel 2010 在文秘与人力资源管理中的应用[M]. 北京：人民邮电出版社，2014.

[5] 博智书院. 新手学 Word/Excel/PowerPoint 办公应用[M]. 北京：同心出版社，2015.

[6] 李永平. 信息化办公软件高级应用[M]. 北京：科学出版社，2013.

[7] 胡维华. 计算机基础与应用案例教程[M]. 北京：科学出版社，2013.

[8] 宋耀文. 新编计算机基础教程（Windows 7+Office 2010 版）[M]. 北京：清华大学出版社，2014.

[9] 李健萍. 计算机应用基础教程[M]. 北京：人民邮电出版社，2011.

[10] 杨小丽. Excel 应用大全[M]. 北京：中国铁道出版社，2016.

[11] 裴若鹏，周颖，丁茜. 数字媒体多彩设计[M]. 北京：科学出版社，2016.

[12] 张岩，杨亮，裴若鹏. 大学计算机基础[M]. 第 2 版. 北京：高等教育出版社，2010.

[13] 李永平. Office 综合应用教程[M]. 北京：科学出版社，2010.

[14] 吴卿. 办公软件高级应用（Office 2010）[M]. 杭州：浙江大学出版社，2012.

[15] 胡维华，郭艳华. 计算机基础与应用案例教程（Windows 7+Office 2010）[M]. 北京：科学出版社，2013.

[16] 未来教育. 全国计算机等级考试上机考试题库二级 MS Office 高级应用[M]. 北京：电子科技大学出版社，2014.

[17] 教育部考试中心. 全国计算机等级考试二级教程—MS Office 高级应用[M]. 北京：高等教育出版社，2013.

[18] 德胜书坊. Word·Excel·PPT 现代商务办公从新手到高手[M]. 北京：中国青年出版社，2017.

[19] 刘相滨. Office 高级应用[M]. 北京：电子工业出版社，2016.

[20] 前沿文化. Office 2013 综合办公案例版[M]. 北京：科学出版社，2016.

[21] 前沿文化. Office 2010 三合一高效办公完全手册[M]. 北京：科学出版社，2013.